特進

最 高 水 準 問 題 集

中1理科

文英堂

本書のねらい

いろいろなタイプの問題集が存在する中で，トップ層に特化した問題集は意外に少ないといわれます。本書はこの要望に応えて，難関高校をめざす皆さんの実力練成のための良問・難問をそろえました。

本書を大いに活用して，どんな問題にぶつかっても対応できる最高レベルの実力を身につけてください。

本書の特色と使用法

 国立・私立難関高校をめざす皆さんのための問題集です。実力強化にふさわしい，質の高い良問・難問を集めました。

▶本書は，最高水準の問題を解いていくことによって，各章の内容を確実に理解するとともに最高レベルの実力が身につくようにしてあります。

▶二度と出題されないような奇問は除いたので，日常学習と並行して，学習できます。もちろん，入試直前期に，ある章を深く掘り下げて学習するために本書を用いることも可能です。

▶各問題には[タイトル]をつけて，どんな内容の問題であるかがひと目でわかるようにしてあります。

 各編末の「実力テスト」で，これまでに学んだ知識の確認と実力の診断ができます。

▶各編末にある実力テストで，実力がついたかどうかが点検できます。50分で70点以上とることを目標としましょう。

▶わからなかったところやまちがえたところは，教科書や参考書を見て確認しておきましょう。

3 時間やレベルに応じて，学習しやすいようにさまざまな工夫をしています。

▶ 重要な問題には **<頻出** マークをつけました。時間のないときには，この問題だけ学習すれば短期間での学習も可能です。

▶ 各問題には1～3個の★をつけてレベルを表示しました。★の数が多いほどレベルは高くなります。学習初期の段階では★1個の問題だけを，学習後期では★3個の問題だけを選んで学習するということも可能です。

▶ とくに難しい問題については**難**▶マークをつけました。果敢にチャレンジしてください。

▶ 欄外にヒントとして**着眼**を設けました。どうしても解き方がわからないとき，これらを頼りに方針を練ってください。

4 くわしい**解説**つきの別冊「解答と解説」。どんな難しい問題でも解き方が必ずわかります。

▶ 別冊の**解答と解説**には，各問題の考え方や解き方がわかりやすく解説されています。わからない問題は，一度解答を見て方針をつかんでから，もう一度自分1人で解いてみるといった学習をお勧めします。

▶ 必要に応じて **トップコーチ** を設け，知っているとためになる知識や，高校入試に関する情報をのせました。

▶ 問題を考えるために必ず覚えておかなければならないことや，とくに重要なことについては，**最重要** のマークをつけたまとめをのせたので，テスト前に見直すのに便利です。

4

もくじ

1 身のまわりの生物の観察

解答 別冊 *p.2*

*1 ［ルーペの使い方①］ ＜頻出

タンポポの花を手に取って観察するときの，ルーペの正しい使い方を説明しているものを，次のア〜エから1つ選び，記号を書きなさい。

ア　ルーペを目に近づけて持ち，花を前後に動かす。
イ　ルーペを目から離して持ち，花を前後に動かす。
ウ　ルーペと花を一定間隔で持ち，顔を前後に動かす。
エ　手を伸ばして花を持ち，ルーペを前後に動かす。
(栃木県)

*2 ［スケッチのしかた］ ＜頻出

ミジンコなどの生物を顕微鏡で観察してスケッチした。スケッチのしかたとして最も適切なものを，次のア〜エから1つ選び，記号を書きなさい。

ア　ぬりつぶしてかく。　　　　イ　線を重ねがきしてかく。
ウ　細い線ではっきりかく。　　エ　影をつけて立体的にかく。
(長野県)

*3 ［顕微鏡の特徴］

中学校で一般的に用いられている鏡筒上下式顕微鏡やステージ上下式顕微鏡と双眼実体顕微鏡について，正しく述べられているものを，次のア〜オから2つ選び，その記号を書きなさい。

ア　双眼実体顕微鏡のほうがより大きく拡大することができる。
イ　鏡筒(ステージ)上下式顕微鏡は白黒でしか観察できないが，双眼実体顕微鏡はカラーで観察できる。
ウ　鏡筒(ステージ)上下式顕微鏡は試料をうすくする必要があるが，双眼実体顕微鏡はそのままの状態でも観察できる。
エ　鏡筒(ステージ)上下式顕微鏡は動くものを観察できないが，双眼実体顕微鏡は動くものも観察できる。
オ　鏡筒(ステージ)上下式顕微鏡は平面的にしか見ることができないが，双眼実体顕微鏡だと立体的に見ることができる。
(奈良・東大寺学園高)

着眼
1 ルーペは，常に目に近づけて持つ。
3 双眼実体顕微鏡は両目で見る。

*4 [身近なものの観察] ◁頻出

次の(1)～(3)のうち，正しいものには○，誤っているものには×と答えなさい。

(1) 生物観察でのスケッチは細い線ではっきりかき，影はつけない。

(2) 鏡筒が上下する顕微鏡では，レボルバーを回してピントを合わせる。

(3) 顕微鏡の倍率は，対物レンズの倍率に接眼レンズの倍率を加えた数値である。

(東京・お茶の水女子大附高)

**5 [顕微鏡のしぼりの使い方]

次の「顕微鏡のしぼりの使い方」について述べた文章①～③すべての内容が正しい場合には○を，すべての内容に誤りがある場合には×を記しなさい。また，1つだけ正しい場合や2つだけ正しい場合は，その番号を記しなさい。

① 顕微鏡を使ってタマネギの表皮細胞を観察する際，しぼりをしぼったら視野が広くなり多数の細胞を見ることができた。

② タマネギの表皮細胞を観察する際，しぼりを開いたら視野が暗くなったので，反射鏡の位置を調節した。

③ 動くものを見るときだけしぼりを開くので，タマネギの表皮細胞の観察ではしぼりを調節する必要がない。

(愛知・東海高)

**6 [顕微鏡の倍率と視野]

次のような観察を行った。ただし，観察に用いた顕微鏡の接眼レンズは，10倍，15倍のいずれかである。これについて，あとの問いに答えなさい。

【観察①】 顕微鏡の視野の大きさをはかるために，40倍の倍率で定規の目盛りを観察したところ，図1のようになった。定規の最小目盛りは1mmである。

図1

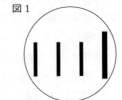

【観察②】 対物レンズを変えて，オオカナダモの葉を400倍の倍率で観察したら，図2のような細胞が見られた。

図2

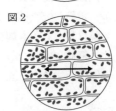

(1) 図2に示したオオカナダモの細胞は，<u>何倍の対物レンズで観察したものか。</u>次から1つ選び，その記号を書け。

ア 10倍 　　イ 40倍

ウ 100倍 　　エ 400倍

🔺(2) 図2に示したオオカナダモの1つの細胞の大きさ(図中の矢印の長さ)はどのくらいか。次から1つ選び，その記号を書け。

ア 1mm   イ 0.5mm   ウ 0.2mm
エ 0.1mm   オ 0.01mm   (国立高専)

★★7 [分布調査]
　ある学校で図1のようなカントウタンポポとセイヨウタンポポの分布調査を行った。図2は，調査を行った学校の見取り図と調査をした区域の特徴を表し，その下の表は調査の結果をまとめたもので，数値は個体数を表す。

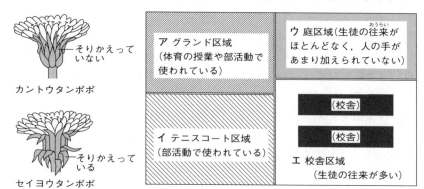

カントウタンポポ
　　そりかえって
　　いない

セイヨウタンポポ
　　そりかえって
　　いる
図1

ア グランド区域
（体育の授業や部活動で
使われている）

ウ 庭区域（生徒の往来が
ほとんどなく，人の手が
あまり加えられていない）

イ テニスコート区域
（部活動で使われている）

（校舎）
（校舎）

エ 校舎区域
　　（生徒の往来が多い）

図2　学校の見取り図と調査した区域の特徴

表　調査結果（数値は個体数を表す）

調査区域	カントウタンポポ	セイヨウタンポポ
A	0	40
B	24	5
C	0	32
D	0	83

　表の調査区域のBに該当するのは，図2の中のどの区域であると考えられるか，下のア～エから1つ選びなさい。ただし，一般に，カントウタンポポは畑のまわりや寺社など長年にわたって同じ景観を保つところに多く見られ，セイヨウタンポポは，舗装道路のわきや造成地などに多く見られる。

ア　グランド区域　　　イ　テニスコート区域
ウ　庭区域　　　　　　エ　校舎区域
　　　　　　　　　　　　　　　　　　　　　　　　(神奈川県)

着眼
　4 (3)顕微鏡の倍率＝接眼レンズの倍率×対物レンズの倍率である。
　5 しぼりは視野の明るさを調節するところである。
　6 (1)15にどんな整数をかけても400にはならない。
　7 カントウタンポポが唯一生息できる場所である。

*8 ［顕微鏡の使い方］ ◀頻出

顕微鏡による観察について，次の各問いに答えなさい。

(1) 図1の顕微鏡の各部①〜⑤の名称を正しく表しているものを，次のア〜
オから1つ選べ。

ア ①接眼レンズ ②調節ネジ ③対物レンズ
　④しぼり ⑤反射鏡

イ ①接眼レンズ ②鏡筒 ③対物レンズ
　④ステージ ⑤しぼり

ウ ①接眼レンズ ②調節ネジ ③鏡筒
　④しぼり ⑤反射鏡

エ ①接眼レンズ ②鏡筒 ③レボルバー
　④ステージ ⑤反射鏡

オ ①接眼レンズ ②調節ネジ ③レボルバー
　④ステージ ⑤反射鏡

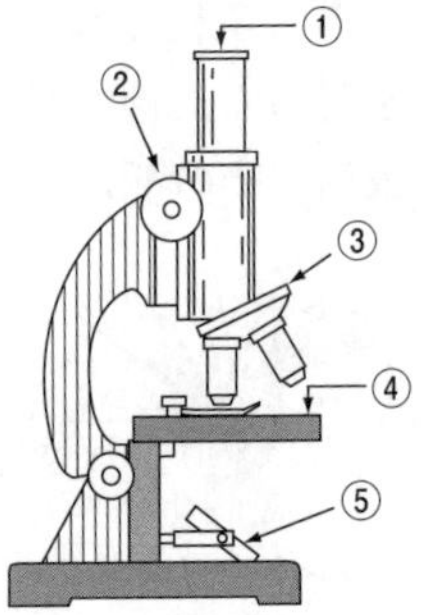

図1

(2) 次の①〜⑥は顕微鏡の各操作の説明である。正しい操作順序を下のア〜
カから1つ選べ。

① 接眼レンズを取りつけたあと，対物レンズを取りつける。

② プレパラートをステージにのせる。

③ 反射鏡を動かして，視野全体が均一に明るくなるように調節する。

④ しぼりで明るさを調節する。

⑤ 対物レンズとプレパラートを近づける。

⑥ 調節ネジを回して，対物レンズをプレパラートから遠ざけながらピント
を合わせる。

ア ①→②→③→④→⑤→⑥→④ 　　イ ①→②→④→③→⑤→⑥→④
ウ ①→③→④→②→⑤→⑥→④ 　　エ ①→④→③→②→⑤→⑥→④
オ ②→①→③→④→⑤→⑥→④ 　　カ ②→①→④→③→⑤→⑥→④

ある顕微鏡で図2のプレパラートを観察したところ，図3のように見えた。
また，この顕微鏡でミジンコを観察したところ，図4のように視野の左端に
見えた。

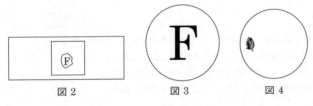

図2　　　図3　　　図4

(3) 図4で, ミジンコを視野の中央に移動させる
には, プレパラートをどの向きに動かすとよい
か。図5のア〜エから1つ選べ。

(三重・高田高)

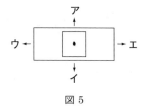

図5

*9 [ルーペの使い方②]

ルーペの使い方について, 次の問いに答えなさい。

(1) 植物を手にとってルーペで観察をする。このときのルーペの使い方とし
て最も適切なものを, 次のア〜エから1つ選び, その記号を書け。なお, 矢
印は, ルーペや植物を動かす方向を示している。

ア　ルーペを植物に近づけ,
ルーペと植物を一緒に動
かして, よく見える位置
を探す。

植物
ルーペ

イ　ルーペを目に近づけ,
ルーペを動かさずに植物
を動かして, よく見える
位置を探す。

ウ　ルーペを目から遠ざけ,
植物を動かさずにルーペ
を動かして, よく見える
位置を探す。

エ　ルーペを目から遠ざけ,
ルーペを動かさずに植物
を動かして, よく見える
位置を探す。

(2) 次の文は, 動かせないものをルーペで観察するときのようすを説明した
ものである。文中の①, ②にあてはまることばの組み合わせとして正しいも
のを, あとのア〜エから1つ選び, その記号を書け。

観察するものが動かせないときは, ルーペを(①)まま, 顔を(②)
に動かして, よく見える位置を探す。

ア　① 目に近づけた　　② 左右

イ　① 目に近づけた　　② 前後

ウ　① 目から遠ざけた　② 左右

エ　① 目から遠ざけた　② 前後

(埼玉県図)

8 顕微鏡では, 上下左右が反対の像が見えることが多いが, この顕微鏡で見られる
像は, 上下左右が反対になっていない(図3)。

2 植物の体の共通点と相違点

解答 別冊 *p.4*

⭐10 [花のつくり] ◀頻出

身のまわりに見られる植物の花は，基本的なつくりはどれも同じであるが，花を構成する要素の形や数は種類によって異なっている。花のつくりは，植物を構成するための手がかりの1つとなっており，これを図で表したものを「花式図」という。右の図は，離弁花類に分類されるある植物の花式図を表したものである。これについて，次の問いに答えなさい。

(1) 花を構成する4つの要素を，次のア～カから選び，その記号を花の中心から順に書け。

ア 花弁(花びら) イ がく ウ めしべ
エ おしべ オ 子房 カ 種子

(2) 図に示した植物は，どのなかまに属するか。次のア～エから適当なものをすべて選び，その記号を書け。

ア 単子葉類 イ 双子葉類 ウ 被子植物 エ 裸子植物

(3) 図に表した植物は何か。次のア～オから最も適当なものを1つ選び，その記号を書け。

ア タンポポ イ ユリ ウ アブラナ
エ ツツジ オ マツ
(国立高専)

⭐11 [いろいろな花のつくり] ◀頻出

図1はエンドウの花の断面を，図2はタンポポの花の一部を，図3はアブラナの花の断面を表したものである。これについて，あとの問いに答えなさい。

図1

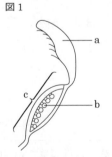

図2

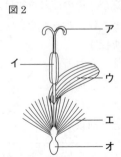

図3

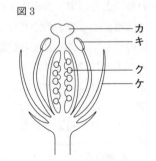

(1) 図1のaにあたる部分を，図2のア～オ，図3のカ～ケからそれぞれ選び，

記号で答えよ。
(2) 図1のbは何という名前か答えよ。また，図3ではどれにあたるか，カ
　～ケから1つ選び記号で答えよ。
(3) 図1のb，cは，受精後それぞれ何に成長するか。
(4) 図2の花が受精して成長したとき，かれて落ちてしまうものはどれか。
　図2のア～オからすべて選び，記号で答えよ。
(5) 図2のエは，受精後どのようなはたらきをするか。　　　　　　　（愛知・滝高）

★**12** ［植物のつくりとはたらき］

図1　　　　　　　　　図2

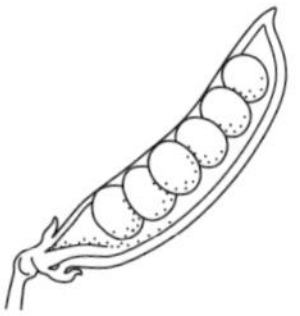

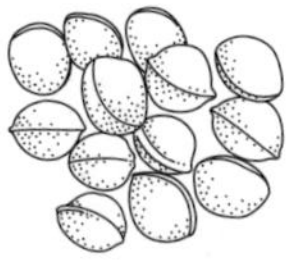

　右の図1はエンドウを，図2はイチョ
ウにできるギンナンを示している。これ
について，次の問いに答えなさい。
(1) エンドウのさやと，その中の豆を合
　わせた部分は，次のア～カのどれにあたるか。適するものを記号で答えよ。
　ア　子房　　　イ　胚珠　　　ウ　がく
　エ　花弁　　　オ　種子　　　カ　果実
(2) エンドウの豆の部分は，(1)のア～カのどれにあたるか。適するものを記
　号で答えよ。
(3) (1)，(2)で答えた部分は，それぞれエンドウのどの部分が成長したものか。
　(1)のア～カから選び，適するものを記号で答えよ。
(4) エンドウの豆は，養分をどこにたくわえているか。適するものを次のア
　～エから選び，記号で答えよ。
　ア　幼根　　　イ　胚じく　　　ウ　子葉　　　エ　胚乳
(5) かたい殻のついたギンナンは，(1)のア～カのどれにあたるか。適するも
　のを記号で答えよ。
(6) エンドウとイチョウにあてはまる特徴を，次のア～カからそれぞれ3つ
　ずつ選び，記号で答えよ。
　ア　胚珠は子房につつまれている。　　イ　胚珠はむき出しである。
　ウ　花ができない。　　　　　　　　　エ　花ができる。
　オ　風によって受粉する。　　　　　　カ　昆虫によって受粉する。

（大阪・清風高）

着眼
10 (2)被子植物は単子葉類と双子葉類に，双子葉類は合弁花類と離弁花類に分類される。
11 (1)図1のaはめしべの柱頭である。
12 (4)有胚乳種子は胚乳に，無胚乳種子は子葉に，発芽のときの養分をたくわえている。

*13 ［被子植物と裸子植物］ ＜頻出

植物の花や根のつくりについて，次の問いに答えなさい。

(1) 次の文章の(　　)にあてはまる語句を，ア〜オからすべて選び，記号で答えよ。

(　　)の胚珠は子房に包まれており，根に主根と側根の区別はない。

ア　ナズナ　　　イ　テッポウユリ　　　ウ　ツユクサ

エ　マツ　　　　オ　イチョウ

(2) マツの花にはないもの，もしくはマツの花からはできないものをすべて選び，記号で答えよ。

ア　りん片　　　イ　種子　　　ウ　胚珠　　　エ　花粉のう(やく)

オ　がく　　　　カ　果実　　　キ　柱頭　　　ク　花粉

(東京・お茶の水女子大附高)

*14 ［被子植物のつくり］ ＜頻出

トウモロコシについて正しく述べたものはどれですか。

ア　花の咲かない植物である。　　　イ　芽ばえのときの子葉は2枚である。

ウ　葉脈は網状脈である。　　　　　エ　根はひげ根である。

(長崎・青雲高改)

**15 ［種子植物］

アオキの葉の葉脈は網目状であった。これについて，次の問いに答えなさい。

(1) 種子植物のなかで被子植物でないものを何というか。

(2) 被子植物と(1)の植物の違いについて，簡潔に述べよ。

(3) アオキの子葉の数は何枚か。

(4) 次のうちからアオキと同じ被子植物で，子葉の数も同じである植物をすべてあげよ。

ア　ツユクサ　　イ　イチョウ　　　ウ　ツツジ　　エ　アカマツ

オ　アサガオ　　カ　トウモロコシ　キ　ソテツ　　ク　イネ

(大阪教育大附高池田改)

16 [種子植物の分類]

次の文は，種子をつくる植物の分類について述べたものである。これについて，あとの問いに答えなさい。

種子をつくる植物は，被子植物と裸子植物に分けられる。（　　）が子房に包まれているのは被子植物であり，さらに子葉の数によって_a双子葉類と単子葉類に分けられる。また，双子葉類は，花弁のようすによって_b合弁花類と離弁花類に分けられている。

(1) （　　）内に適する語を漢字で書け。

(2) 下線部 a について，根の特徴をそれぞれ簡潔に述べよ。

(3) 下線部 b について，合弁花類に分類される植物を下のア～キからすべて選び，記号で書け。

ア　アサガオ　　　イ　ツユクサ　　　ウ　ソテツ　　　エ　エンドウ
オ　トウモロコシ　カ　ツツジ　　　　キ　マツ

（高知学芸高[改]）

17 [裸子植物]

裸子植物について，次の問いに答えなさい。

(1) 下の文ア～エは裸子植物について説明したものである。誤りのものを1つ選び，記号で答えよ。

ア　胚珠が子房に包まれていない。
イ　花を構成している「がく」や「花弁」がない。
ウ　樹木のほか，草もある。
エ　裸子植物のなかまは，一般に雌花と雄花が別々にある。

(2) 裸子植物のなかまを下に書いているが，1つだけそのなかまでないものがある。それを選び，記号で答えよ。

ア　イチョウ　　　イ　ソテツ　　　ウ　スギ
エ　ヒノキ　　　　オ　シイ

（福岡大附大濠高）

着眼
13 胚珠が子房に包まれているのは被子植物である。
14 種子植物は花を咲かせる。
15, 16 主根と側根か，ひげ根か。
17 「一般に」という場合は，多少例外があってもかまわない。

★★18 ［植物のつくりとなかま分け］

図は，植物の分類を示したものである。いろいろな植物を①～⑤の特徴に従って，A～Fの各グループに分けた。

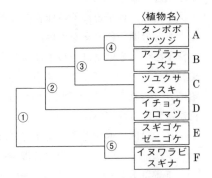

(1) ①では，植物の「子孫の残し方」の違いによってグループA・B・C・DとグループE・Fの2つの集団に分けることができた。この2つの集団の「子孫の残し方」を，それぞれ説明せよ。

(2) ②では，グループA・B・Cは「被子植物」，グループDは「裸子植物」と分類することができた。「裸子植物」の名前の由来となっている特徴とは何か。説明せよ。

(3) ③では，「根・葉のつくり」によって，グループA・BとグループCに分けることができた。次の根（ア・イ）・葉（ウ・エ）のつくりのうち，グループCの特徴にあてはまるものをすべて選べ。

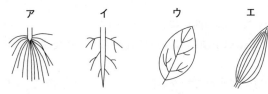

(4) ④では，「花弁のつくり」によってグループAとグループBに分けることができた。次のア～オの植物群のうち，グループAとグループBに正しく分けられている組み合わせはどれか。

	グループA			グループB		
ア	アサガオ	キク	ヘチマ	エンドウ	カタバミ	サクラ
イ	アサガオ	キク	ユリ	エンドウ	サクラ	ヘチマ
ウ	エンドウ	サクラ	ユリ	アサガオ	イネ	キク
エ	エンドウ	カタバミ	サクラ	アサガオ	キク	ヘチマ
オ	イネ	ヘチマ	ユリ	アサガオ	カタバミ	サクラ

(5) ⑤では，「体のつくり」によってグループEとグループFに分けることができた。グループFの「体のつくり」の特徴を簡単に説明せよ。

（千葉・市川高改）

^{★★}*19* [いろいろな植物のつくり]

わたしたちのまわりの自然を観察してみると，実に多様な生物の姿がある。
次の文を読み，それぞれに関係する各問いに答えなさい。

Ⅰ．ある公園には，マツの並木があり，地面にまつか
さが数個落ちているのが見つかった。これを採って
観察すると，放射状にひろがった堅い部分のすき間
には，細長いうすい皮のようなものがあり，その端
には1mmほどの丸くて固い粒(図1のA)があった。
また，上の枝を見てみると，先は図2のようになっ
ていた。

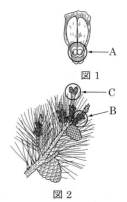

図1

図2

(1) 図2のB，Cの名称を答えよ。

(2) BとCからAが形成されるようすを，次の語群
をすべて用いて説明せよ。

　語群：胚珠，花粉，受粉

Ⅱ．さらに公園を歩いていくと，散歩道にはオオバコの群落があり，少し散歩
道から離れたところにはヒメジョオンがかたまって咲き，その向こうの土手
にはツユクサがたくさんあった。これらの3種類の植物をそれぞれ引き抜い
てみると，根の張り方ではこのうちの1つが明らかに他の2つと違っていた。

(3) 文Ⅱの文中の植物のうち，根の張り方が他と違う植物名を答えよ。

(4) (3)の植物の根の形を答えよ。

(5) 散歩道から少し離れたところのように，背の高いヒメジョオンが生育す
る場所では，背の低いオオバコは太陽光がじゅうぶん当たらないので育たな
い。しかし，散歩道にはヒメジョオンはなく，オオバコの群落が存在する。
これは背の低いオオバコが生育に関して有利だからと考えられる。どのよう
な有利さがあるか，簡単に述べよ。

(京都・同志社高)

着眼

　18 (1)何によって子孫を残すかの違いを説明する。

　　　(3)グループA・Bは双子葉類，グループCは単子葉類である。

　　　(4)グループAは合弁花類，グループBは離弁花類である。

　　　(5)グループEはコケ植物，グループFはシダ植物である。

　19 (5)散歩道は人が歩くが，ヒメジョオンが生育するところは人があまり歩かないと
　　　ころが多い。

★20 ［葉と根の特徴］

次の問いに答えなさい。

(1) タンポポやホウセンカの子葉・葉・根の特徴として適当なものはどれか。

	子葉	葉	根		子葉	葉	根
ア	1枚	網状脈	ひげ根	エ	2枚	平行脈	ひげ根
イ	1枚	平行脈	主根・側根	オ	2枚	網状脈	主根・側根
ウ	1枚	平行脈	ひげ根	カ	2枚	網状脈	ひげ根

(2) 葉脈のようすがタンポポとは大きく異なっているものは次のうちどれか。

　ア　アブラナ　　　イ　ヒマワリ　　　ウ　オニユリ

　エ　アサガオ　　　オ　サクラ　　　　カ　ツバキ

（東京学芸大附高改）

★21 ［森林を構成する樹木］

　森林を構成する樹木には広葉樹と針葉樹があり，さらに広葉樹は [1]常緑広葉樹と落葉広葉樹に分けられる。クヌギやコナラなどは秋に紅葉が始まる落葉広葉樹，スダジイやアラカシは常緑広葉樹，[2]アカマツは針葉樹である。常緑広葉樹は，一年を通じて葉をつけているが，ある時期に古い葉は新しい葉に置き換わる。

　図1は，ある落葉広葉樹からなる森林と，常緑広葉樹からなる森林の林床(森林の地表面のこと)における落葉量の季節変化を調べた結果で，月ごとに，1m²あたりに蓄積する落葉の重量〔g〕を示したものである。

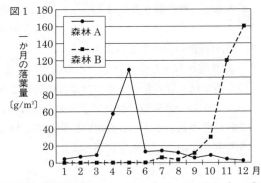

図1　一か月の落葉量〔g/m²〕

(1) 下線部1の常緑広葉樹と落葉広葉樹について，図1を見て，次の①〜③に答えよ。

　① 図1の森林AおよびBのうち，落葉広葉樹からなる森林はどちらか。記号で答えよ。

　② 図1の常緑広葉樹からなる森林において，最も落葉量が多いのは何月か。

　③ 常緑広葉樹を次のア〜オから1つ選び，記号で答えよ。

　　ア　サクラ　　　イ　クスノキ　　　ウ　イチョウ

　　エ　スギ　　　　オ　モミジ

(2) 図2は，下線部2のアカマツの枝の一部をスケッチしたものである。これについて，次の①，②に答えよ。

① アカマツの雌花および雄花は，それぞれ図2のA〜Dのどれにあてはまるか。1つずつ選び，記号で答えよ。

② 図2のA，BおよびDの構造の中に観察されるものを，それぞれ次のア〜カからすべて選び，記号で答えよ。ただし，ア〜カの尺度はそれぞれ異なっており，答えは1つとは限らない。

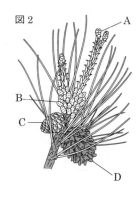

図2

 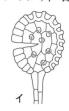

ア　　　イ　　　　ウ　　　　エ　　　　オ　　　　カ

（大阪・清風南海高）

★★**22** ［シダ植物］

図Aはイヌワラビの本体を，図Bはその一部を拡大したものである。これについて，次の問いに答えなさい。

(1) イヌワラビの茎の部分は図Aのどの部分か。a〜eから1つ選び，記号で答えよ。

(2) 図Bは図Aのどの部分にあるか。次から選び，記号で答えよ。

ア　bの表側　　　イ　bの裏側
ウ　eの部分　　　エ　fの部分

(3) 図Bのなかには何が入っているか。

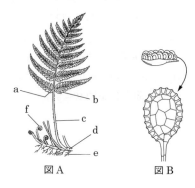

図A　　　　　図B

（東京・日本大豊山女子高改）

着眼

20 タンポポやホウセンカは被子植物の双子葉類である。また，双子葉類の葉脈は網状脈であるが，単子葉類の葉脈は平行脈である。

21 (1)落葉広葉樹は秋の終わりごろから冬のはじめにかけて，すべての葉を落とす。

★★23 ［植物のなかまわけ］

次の図は，植物の分類を示したものである。空欄となっている ◯ 内には分類の基準を，□ 内には分類上の名称を記しなさい。また，あとの問い(1)〜(4)にも答えなさい。

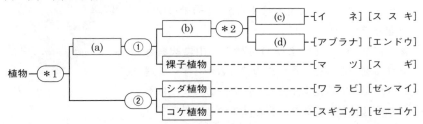

［分類の基準］ ＊1 花が咲くか，咲かないか。
＊2 子葉の数や葉脈のようす。

(1) 植物には種子でふえるものと胞子でふえるものがあるが，一般には種子でふえる方が有利であるといわれる。それは種子がどのような特徴をそなえているためか。簡潔に説明せよ。

難▶(2) シダ植物には，私たちが普通に見かけている「シダ」以外に，ハート形をした小さな「植物体」がある。この名前を答え，役割を簡潔に説明せよ。

(3) イチョウは裸子植物のなかまだが，イチョウの木になっているもの（一般には「ぎんなん」といわれている）は何か。次から選び，記号で答えよ。
    ア 花　　　　　　　　イ 果実　　　　　　ウ 種子
    エ 特別な栄養貯蔵器官　　オ 病気になる瘤（こぶ）

(4) エンドウの種子とカキの種子の違い（「形」「色」「大きさ」についてではない）を簡潔に説明せよ。

（愛知・東海高㋐）

★★24 ［生物の特徴］

図A〜Eは5種類の生物の体全体やその一部を，また，図F〜HはA〜Eのいずれかの生物からつくられたものを示したものである。

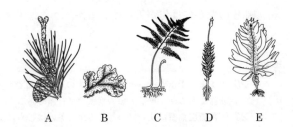

A　　B　　C　　D　　E

(1) 図A〜Eの生物で，体のつくりを葉・茎・根に分けることができるものをすべて選び，記号で答えよ。

(2) 図F〜Hはそれぞれ A〜E のどの生物からできたものか。また，F, G はその名称を，Hは雄株，雌株どちらに見られるかを答えよ。

(3) 図F〜Hで，実際の大きさが最も小さいものはどれか。記号で答えよ。

(4) 図Cで，茎はどこか。右の図に鉛筆で色をつけよ。

（高知学芸高図）

F　　　G　　　H

***25** ［植物のなかま］

　庭の湿ったところに，数ミリメートルの緑色の小さな植物が地面にはりつくようにして生えていた。その植物の裏側を拡大して示したものが右の図である。これについて，次の問いに答えなさい。

(1) この植物は何が成長したものか。次から選び，記号で答えよ。

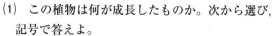

ア　種子　　　イ　花粉　　　ウ　胞子　　　エ　菌糸

(2) 卵細胞をつくる部分は，図中のア〜エのどれか。

(3) この図の植物は次のア〜エのどの植物と関係があるか。記号で答えよ。

　　ア　ドクダミ　　　　イ　イヌワラビ
　　ウ　モウセンゴケ　　　エ　ゼニゴケ

(4) 図に示された植物体は卵細胞をつくる段階のものである。この段階のものを一般に何というか。

（鹿児島・ラ・サール高）

 着眼

　23 裸子植物と被子植物は，胚珠のようすが異なっている。
　24 藻類は植物のなかまではない。
　25 図は，シダ植物がつくるものである。

3 動物の体の共通点と相違点

解答 別冊 *p.8*

*26 [動物のなかまわけ①] ◁頻出

次の問いに答えなさい。

(1) 次の文章中の（　）にあてはまる語句を，あとのア～オからすべて選び，記号で答えよ。

　　成長しておとなになった（　　）は，肺呼吸で，体温を一定に保つことができない。

ア　ウナギ　　　　イ　ペンギン　　　ウ　コウモリ

エ　ウミガメ　　　オ　ヒキガエル

(2) 次にあげる特徴のうち <u>3つだけ</u>あてはまる動物を <u>すべて</u>選び，記号で答えよ。

特徴：背骨がある。
　　　子のときから一生肺呼吸である。
　　　変温動物である。
　　　胎生である。

ア　ニワトリ　　　イ　クジラ　　　ウ　メダカ　　　エ　フクロウ

オ　カエル　　　　カ　コウモリ　　キ　イモリ　　　ク　ウミガメ

（東京・お茶の水女子大附高）

*27 [セキツイ動物のなかまわけ①] ◁頻出

次の①～⑤のセキツイ動物について，下のA，Bのように分類した。何を基準にして分類したと考えられるか。例を参考にして，それぞれの分類の基準を述べなさい。

①　フナ　　　　　　　　②　キジバト　　　③　カナヘビ

④　アマガエル（成体）　　⑤　ネコ

例：[①]と[②・③・④・⑤]に分ける。
　　→(答)えらで呼吸をするか，肺で呼吸をするか。

A. [①・③・④]と[②・⑤]に分ける。

B. [①・②・③・④]と[⑤]に分ける。

（高知学芸高）

着眼

26 (2)どれか3つだけあてはまるものを選ぶ。

27 ①は魚類，②は鳥類，③はハチュウ類，④は両生類の成体，⑤はホニュウ類である。

★*28* ［身近な動物のなかまわけ］ ◁ 頻出

　下の図は，私たちの身近に生息する動物を，いろいろな観点で分類したものである。これについて，あとの問いに答えなさい。

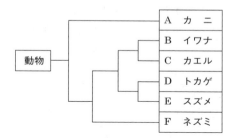

(1) 図中のAに対してB～Fの動物を何というか。

(2) A～Fのうち恒温動物はどれか。すべて選び，記号で答えよ。

(3) B～Eは，卵を産んでなかまをふやすが，B・Cと，D・Eの卵のつくりの違いについて，簡潔に説明せよ。

(4) Cに分類される動物をカエル以外にもう1つ答えよ。

（石川・星稜高）

★★*29* ［水中の生物のなかまわけ］

　次の(1)～(6)の文にあてはまる水中の生物を，あとのア～ケより1つずつ選びなさい。ただし，同じものを選ぶことはできないものとする。

(1) 体は外とう膜におおわれている。

(2) 単細胞生物である。

(3) 皮膚の下に骨片があり，その骨片に硬いとげがある。

(4) 体表はキチン質で，脱皮しながら成長する。

(5) 筋肉も消化管も感覚器官ももたない。

(6) 口と肛門に分かれていない未分化の消化管があり，出芽でふえる。

ア	アサリ	イ	ゴカイ	ウ	ヒドラ
エ	ワムシ	オ	イセエビ	カ	ウミガメ
キ	ゾウリムシ	ク	カイメン	ケ	ヒトデ

（鹿児島・ラ・サール高）

着眼

28 (1)Aは背骨をもたないが，B～Fは背骨をもつ。

29 (1)イカやタコなどの軟体動物の内臓がある部分が，外とう膜という膜におおわれている。

★*30* ［ホニュウ類の特徴］

　動物は植物と異なり，みずからの力で栄養分をつくり出すことができない。動物のなかには，植物を食べることで栄養を取り入れる草食動物と，ほかの動物を食べることで栄養を取り入れる肉食動物がある。下図は，アフリカの草原でくらす2種類のホニュウ類の頭骨を示したものである。

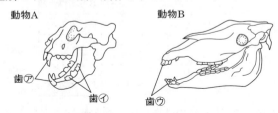

(1)　図の歯の⑦〜⑨の名称を答えよ。

(2)　次の記述のうち，図の動物 A の特徴として適当なものをすべて選び，記号で答えよ。

　ア　足先のつめは，ひづめになっている。

　イ　足先のつめは，平づめになっている。

　ウ　足先のつめは，かぎづめになっている。

　エ　目は横向きについており，視野が広い。

　オ　目は前向きについており，立体的にものを見る範囲が広い。

(3)　草食動物の頭骨として適当なものを，A，B の記号で答え，その理由を簡単に述べよ。ただし，(2)で出てきたものは書かないこと。

(4)　次の記述のうち，ホニュウ類の特徴として適当なものをすべて選び，記号で答えよ。

　ア　恒温動物である。

　イ　卵生である。

　ウ　背骨をもっている。

　エ　体の外側が外骨格という殻（から）でおおわれている。

　オ　内臓が外とう膜でおおわれている。

　カ　肺で酸素を取り入れている。

（大阪教育大附高平野）

着眼

30 (3)草食動物は植物を食べる。そのために，どのような特徴があるのかということを考える。

★★*31* ［動物のなかま分け②］

次の図のように，いろいろな特徴によって6種類の動物をグループA〜F
に分類した。あとの問いに答えなさい。

```
┌F──┬───────┬──C───┬───A────────┐
│クモ│ カニ  ┌──────┬─B────┐┌─E───┐│
│    │      │メダカ│トカゲ│カラス││クジラ││ D
└────┴──────┴──────┴──────┴──────┴──────┘
```

(1) A〜Fの特徴の組み合わせとして正しいものを，次のア〜クから選び，
記号で答えよ。

	A	B	C	D	E	F
ア	背骨がある	うろこも羽毛もない	えらで呼吸	胎生	恒温動物	外骨格をもつ
イ	背骨がない	うろこも羽毛もない	肺で呼吸	胎生	恒温動物	内骨格をもつ
ウ	背骨がある	うろこも羽毛もない	えらで呼吸	卵生	変温動物	外骨格をもつ
エ	背骨がない	うろこも羽毛もない	肺で呼吸	卵生	変温動物	内骨格をもつ
オ	背骨がある	うろこか羽毛がある	えらで呼吸	胎生	恒温動物	外骨格をもつ
カ	背骨がない	うろこか羽毛がある	肺で呼吸	卵生	変温動物	内骨格をもつ
キ	背骨がある	うろこか羽毛がある	えらで呼吸	卵生	恒温動物	外骨格をもつ
ク	背骨がない	うろこか羽毛がある	肺で呼吸	胎生	変温動物	内骨格をもつ

(2) Bのメダカ，トカゲ，カラスはそれぞれ魚類，ハチュウ類，鳥類である。
魚類，ハチュウ類，鳥類の組み合わせとして正しいものを，次のア〜クから
選び，記号で答えよ。

	魚類	ハチュウ類	鳥類
ア	フナ	イモリ	ワシ
イ	ハゼ	ヤモリ	コウモリ
ウ	イカ	イグアナ	モルモット
エ	ウナギ	カメ	ペンギン
オ	シャチ	カエル	カモノハシ
カ	イルカ	ミジンコ	クジャク
キ	エビ	ミミズ	ダチョウ
ク	サンマ	ヘビ	ムササビ

(3) 国の天然記念物であるオオサンショウウオの成体はA〜Fのどれに属す
るか。記号で答えよ。

(4) Fは節のあるあしをもつ。Fに属する動物は，成長するときに何を行うか。
漢字で書け。

（東京学芸大附高）

*32 ［無セキツイ動物の体］

無セキツイ動物の体について，次の問いに答えなさい。

図1

図2

(1) 図1，図2の動物は節足動物に対して，何動物とよばれるか。
(2) 図1の①は何というか。
(3) 図1の①は図2のどれに相当するか。図2のなかのA～Fから1つ選び，記号で答えよ。
(4) 図2で，えらはどれか。A～Fから1つ選び，記号で答えよ。
(5) 図2で，あしはどれか。A～Fから1つ選び，記号で答えよ。
(6) 図2のあしは何でできているか。 (愛知・滝高函)

*33 ［水中の動物］

京都では，豊富な水産物のなかから京都を代表するもので，かつ四季を感じさせる次の20種類を「丹後・旬のさかな」とした。

春：サヨリ，メバル，マダイ，ワカメ，イサギ(シロウオ)
夏：タチウオ，トビウオ，シロイカ(ケンサキイカ)，トリガイ，サザエ
秋：ハタハタ，ニギス，アキイカ(アオリイカ)，グジ(アカアマダイ)，
　　ササガレイ(ヤナギムシガレイ)
冬：ヒラメ，アンコウ，ズワイガニ，ブリ，カキ

(1) ワカメについて述べたものとして正しいものを，次のア～オのなかから2つ選んで，記号で答えよ。

ア 大量の種子を放出し，それが発芽して岩場に根をおろす。
イ 光合成を行うクロロフィル(葉緑体)を豊富に含む。
ウ 根・茎・葉の区別があり，陸上植物の直接の祖先と考えられている。
エ 花粉は，海水で柱頭に運ばれる。
オ 海水中に溶けた酸素を利用して，呼吸を行う。

(2) 次の①～⑧は，前ページの「丹後・旬のさかな」のいくつかを図で示した
ものである。それぞれの名前を，あとのア～コのなかから１つずつ選んで，
記号で答えよ。

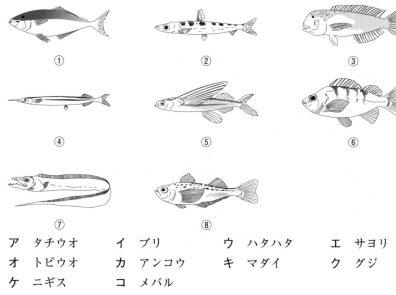

① ② ③

④ ⑤ ⑥

⑦ ⑧

ア　タチウオ　　　イ　ブリ　　　　ウ　ハタハタ　　　エ　サヨリ

オ　トビウオ　　　カ　アンコウ　　キ　マダイ　　　　ク　グジ

ケ　ニギス　　　　コ　メバル

(3) イサギは通常海にすんでいるが，産卵時には川をさかのぼり，砂れきの
下などに産卵する。イサギのように川をさかのぼって産卵するものを，次の
ア～オのなかから１つ選んで，記号で答えよ。

ア　ウナギ　　　イ　アンコウ　　　ウ　トビウオ

エ　サケ　　　　オ　タイ

(4) シロイカ，トリガイ，サザエ，アキイカ，ズワイガニ，カキについて述
べたものとして正しいものを，次のア～キのなかから２つ選んで，記号で
答えよ。

ア　シロイカとアキイカには外とう膜の内側に背骨や肝臓などがある。

イ　シロイカとアキイカはおもに甲殻類や小魚などをエサとしている。

ウ　シロイカとアキイカは卵生で，ズワイガニは胎生である。

エ　トリガイは二枚貝で，サザエ，カキは巻貝である。

オ　トリガイは節足動物で，サザエは軟体動物である。

カ　ズワイガニとカキは幼生の時期を経て変態する。

キ　シロイカ，アキイカ，ズワイガニは８本のあしをもっている。

(京都・洛南高改)

★★*34* [セキツイ動物のなかまわけ②]

次にあげる動物 a〜j について，以下の問いに答えなさい。

a　チャボ　　　　　b　ヒメダカ　　　c　インパラ　　　d　カエル
e　フナ　　　　　　f　イモリ　　　　g　ヤモリ　　　　h　トビ
i　ハムスター　　　j　マムシ

(1)　上にあげた動物は，まとめて何動物としてなかまわけされるか。

(2)　上にあげた動物は，大きく5つのグループに分けられるが，以下はそのうち4つのグループの説明文である。①〜④の各グループに入る動物を，上からすべて選んで記号で答えよ。

①　体はかたいうろこや甲羅でおおわれ，乾燥に比較的強い。

②　体はふつう，うろこでおおわれ，水中に殻のない卵を産む。

③　体は大部分が羽毛でおおわれ，陸上に巣をつくり，子どもを育てる。

④　体の皮膚はしめっていて，乾燥に弱い。

(3)　下の魚類〜ホニュウ類を，次の①〜③の基準で分けると，それぞれ線ア〜オのどれが境界となるか。記号で答えよ。

①　卵生と胎生　　　　　②　変温動物と恒温動物

③　えら呼吸と肺呼吸

　　　　ア　　　　イ　　　　　ウ　　　　　エ　　　オ
魚類｜両生類幼生｜両生類成体｜ハチュウ類｜鳥類｜ホニュウ類

（兵庫・灘高）

★★*35* [動物のなかまわけと環境]

ある川で右の図のような生物を見つけた。この生物は体全体を使って水の中を泳いでいった。次の問いに答えなさい。

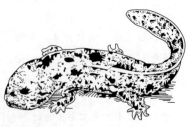

(1)　図の生物の名前を答えよ。

(2)　図の生物を分類すると，次のア〜オのどれになるか。適当なものを選び，記号で答えよ。

ア　魚類　　　イ　両生類　　　ウ　ハチュウ類

エ　鳥類　　　オ　ホニュウ類

(3)　川岸の横穴に図の生物の卵があった。その卵の特徴として適当なものを，

---

34 チャボはニワトリのなかま，インパラはウシのなかま，トビはトンビともよばれるタカのなかま，ハムスターはネズミのなかま，マムシはヘビのなかまである。

次のア〜エから選び，記号で答えよ。

ア　かたい殻に包まれている。　　イ　やわらかい殻に包まれている。

ウ　寒天質に包まれている。　　　エ　薄い膜に包まれている。

(4)　図の生物が体全体を使い泳ぐことのできる理由として最も適当なものを，次のア〜エから選び，記号で答えよ。

ア　無セキツイ動物なので筋肉がよく発達しているから。

イ　セキツイのまわりに筋肉が発達し，それを使い体をくねらせられるから。

ウ　腹びれがよく発達し水をとらえることができるから。

エ　水かきがよく発達し水をとらえることができるから。

(5)　この川には図の生物のほかにサワガニも生息していた。この川の状態として適当なものを，次のア〜エから選び，記号で答えよ。

ア　川の上流できれいな水である。　　イ　川の上流で汚い水である。

ウ　川の下流できれいな水である。　　エ　川の下流で汚い水である。

（大阪女学院高）

★★★ **36** ［体の表面積と体積］

恒温動物の体表面積と生活環境との関係で，次の2つの法則（正確には「法則」ではなく「規則」とよばれる）がある。

Ⅰ．ベルクマンの法則

　　寒地には大形の恒温動物が多い。

Ⅱ．アレンの法則

　　寒地には突出物の短い恒温動物が多い。

2つの法則に共通していることを「　」内に示した。(　)に入る適語を答えなさい。

Ⅰ．ベルクマンの法則の例

クマにおける体の大きさの変化

体格最大
ホッキョクグマ

ヒグマ
ハイイログマ

アメリカグマ

ツキノワグマ

ナマケグマ
（ミツグマ）

メガネグマ

マレーグマ
体格最小

Ⅱ．アレンの法則の例

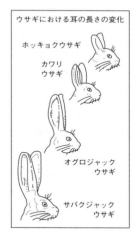

ウサギにおける耳の長さの変化

ホッキョクウサギ

カワリ
ウサギ

オグロジャック
ウサギ

サバクジャック
ウサギ

「寒い地域にすむ恒温動物ほど，体積に対する体表面積の割合を(①)して(②)を防いでいる。」

（茨城高⯑）

👁着眼

　35 (4)体全体を使って泳ぐということがポイントである。

　36 立方体の1辺の長さがx倍になると，表面積はx^2倍，体積はx^3倍となる。

1編 実力テスト

時間 **50** 分
合格点 **70** 点

得点 ／100

解答 別冊 *p.12*

1 「5」の小さい文字が印刷されている紙切れを，観察者から見て「5」のように置いて低倍率のレンズを使って顕微鏡で観察したら，「ｇ」のように見えた。この顕微鏡やこの顕微鏡を使った細胞の観察について，次の問いに答えなさい。(25点)

(1) 次の1～6の文は観察する手順を示したものである。文中の空欄①，②には，操作する部分が入るが，その部分は右の図中のア～クのどの部分か。それぞれの記号を書け。ただし，同じ番号の空欄には，同じ記号が入るものとする。(各6点)

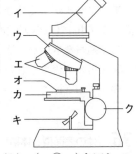

1. 顕微鏡は，直射日光の当たらない明るい所に置く。
2. 接眼レンズをのぞきながら，(①)を動かして，視野全体が同じ明るさになるように調節する。
3. プレパラートをステージの上にのせ，横から見ながら，(②)を回して，対物レンズとプレパラートをできるだけ近づける。
4. 接眼レンズをのぞきながら，(②)を回してステージと対物レンズを離す方向に動かして，はっきり見えた所でとめる。
5. しぼり板を回し，光の量を調節する。
6. 倍率を上げるには，レボルバーを回し，対物レンズを高倍率のものに変える。

(2) 顕微鏡で観察したら，見たいもの「＊」が右図のように視野の右すみにあったので，中央に移動したい。プレパラートをどのように操作すればよいか。「プレパラートを」に続く文を10字以内で完成させよ。(7点)

(3) ある透明なものさしの1mmの目盛りの線を40倍で観察したら，右図のように見えた。そのものさしを動かさず，400倍で観察したらどのように見えるか。次のア～エから最も適当なものを1つ選び，その記号を書け。(6点)　　　　(国立高専)

2 キク科のタンポポは，被子植物の双子葉類である。タンポポは，頭の小さな花がたくさん集まり，1つの大きな花を形成する。(26点)

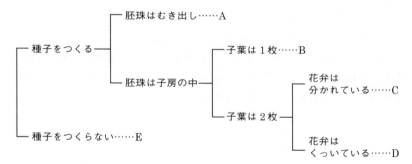

(1) 被子植物の双子葉類のもつ一般的な特徴をそれぞれ選び，記号で答えよ。(各2点)

・子葉の数は(a)｛ア．1枚　　イ．2枚｝である。

・葉脈は，(b)｛ア．網状脈　　イ．平行脈｝である。

・根は，(c)｛ア．ひげ根　　イ．主根と側根｝である。

(2) タンポポと同じ，キク科の植物を2つ選び，記号で答えよ。(完答4点)

　ア　カタクリ　　イ　シクラメン　　ウ　スミレ　　　エ　チューリップ

　オ　ハス　　　　カ　ハルジオン　　キ　ヒマワリ

(3) 次のア〜エは，図の①〜⑤のどの部分か。番号と名称を答えよ。(各2点)

　ア　花粉ができる　　　イ　花粉が受粉する

　ウ　種子ができる　　　エ　綿毛に変化する　　　　　　　(鹿児島・ラ・サール高🄰)

3 植物をその特徴に基づいて次のA〜Eのグループに分けた。これについて，あとの問いに答えなさい。(15点)

```
                     ┌─ 胚珠はむき出し……A
                     │                            ┌─ 子葉は1枚……B
  ┌─ 種子をつくる ─┤                            │
  │                  └─ 胚珠は子房の中 ─┤              ┌─ 花弁は
  │                                           │              │  分かれている……C
  │                                           └─ 子葉は2枚 ─┤
  └─ 種子をつくらない……E                                    └─ 花弁は
                                                                 くっついている……D
```

(1) エンドウはどのグループに属するか。図のA〜Eから1つ選び，記号で答えよ。(5点)

(2) Eに属する植物は，種子のかわりに何をつくってなかまをふやすか。(5点)

(3) Eに属する植物を，次のア〜ケからすべて選び，記号で答えよ。(完答5点)

　ア　タンポポ　　　イ　スギゴケ　　　ウ　アカマツ

　エ　サクラ　　　　オ　ユリ　　　　　カ　アブラナ

　キ　イネ　　　　　ク　イチョウ　　　ケ　スギナ

(京都・洛南高🄰)

4 コメに関する文章を読み，あとの問いに答えなさい。(12点)

　米穀店やスーパーマーケットなどで通常
販売されている白米は，脱穀（稲穂からモ
ミを外す）してモミを集めたあと，モミか
らモミ殻を外して玄米にし，その玄米を精

モミの断面　　玄米の断面　　白米の断面

米したものである。しかし最近は，健康食品として発芽玄米を食べることがあ
る。右図は，モミと玄米と白米の断面を模式的に示したものである。

　発芽玄米は，玄米を水に浸し約25℃の室内に3日間ほど置いておけばつく
ることができる。よって，玄米はイネの（　A　）と考えることができる。しかし，
白米を同じように水に浸しても発芽することはないので，精米することによっ
て（　B　）が取り除かれたことがわかる。よって，われわれが食べている白米
はイネの（　C　）の部分である。

(1)　文中の（　A　）〜（　C　）に入る語句を，次のア〜エからそれぞれ1つ
　　ずつ選び，記号で答えよ。(各2点)
　　ア 胚　　　**イ** 胚乳　　　**ウ** 種皮　　　**エ** 種子

(2)　イネのような種子のつくりを何種子とよぶか。漢字5文字で答えよ。(2点)

(3)　(2)の種子をつくる植物を，次のア〜カからすべて選び，記号で答えよ。
　　(完答2点)
　　ア アブラナ　　　**イ** クリ　　　　**ウ** トウモロコシ
　　エ ダイズ　　　　**オ** アサガオ　　　**カ** カキ

(4)　次のア〜オは，玄米をさまざまに切断して一部（破線部）を除いたもので
　　ある。このうち，実線で描かれた部分だけでは発芽しないと考えられるもの
　　をすべて選び，記号で答えよ。(完答2点)

　　ア　　　　　イ　　　　　ウ　　　　　エ　　　　　オ

（愛媛・愛光高図）

5 動物の体のつくりについて，次の問いに答えなさい。(4点)

(1)　カニや昆虫のような，体が，かたい殻でおおわれている動物には，セキ
　　ツイ動物の関節に相当する部分がある。この部分を何というか答えよ。(2点)

(2)　イカやタコなどの軟体動物は，骨格をもたず，内臓は筋肉でできた膜で
　　おおわれている。この膜を何というか答えよ。(2点)

（広島大附高）

6 生物について，次の各問いに答えなさい。(8点)

(1) 次のア～エの文章のうち，正しいものをすべて選び，記号で答えよ。(完答2点)
　　ア　ハチュウ類と魚類と鳥類は，変温動物である。
　　イ　ホニュウ類と鳥類は，恒温動物である。
　　ウ　ハチュウ類と鳥類は，卵を陸上に産む。
　　エ　ハチュウ類と魚類の成体は，えら呼吸をする。

(2) 次のア～オの生物のうち，イカと同じ分類に属するものはどれか。すべて選んで記号で答えよ。(完答2点)
　　ア　タコ　　　　イ　イソギンチャク　　　ウ　カタツムリ
　　エ　ミミズ　　　オ　アサリ

(3) イカと同じ分類に属する動物を何とよぶか。答えよ。(2点)

(4) イカと同じ分類に属する動物の共通点は，ある膜をもつことである。その膜の名称を答えよ。(2点)

（大阪教育大附高池田🏫）

7 次の文章を読み，あとの各問いに答えなさい。(10点)

　節足動物は，体が(　①　)でおおわれているため，体の成長にともなって(　②　)をくり返す。あるカニのなかまは卵からふ化したばかりのときの幼生はゾエアとよばれ，浮遊や遊泳に適し天敵に捕食されにくい形態をしている。やがて，体の一部は成体に似ているが遊泳も行える形態のメガロパとよばれる幼生を経て，成体へとなっていく。成体は主に歩行を行い，雌雄が相手を見つけて繁殖するのに適応した形態となっている。このように，節足動物の多くでは，幼生から成体へ形態や生活様式を大きく変える(　③　)が見られる。

(1) 文中の空欄に適した語句を入れよ。ただし，すべて漢字で答えること。
　(各2点)

(2) (　③　)によって呼吸のしかたを変える昆虫はどれか。(2点)
　　ア　ショウリョウバッタ　　　　イ　ミンミンゼミ　　　ウ　アキアカネ
　　エ　ゲンゴロウ　　　　　　　　オ　キアゲハ

(3) ほとんどの種が(　③　)を行うセキツイ動物のなかまはどれか。(2点)
　　ア　ホニュウ類　　　イ　鳥類　　　ウ　ハチュウ類
　　エ　両生類　　　　　オ　魚類

（東京・筑波大附駒場高）

2編
身のまわりの物質

1 物質の性質

解答 別冊 *p.13*

37 [物質の識別とガスバーナーの使い方] ◀頻出

食塩，重曹，砂糖，石灰石の粉，小麦粉が別々の容器に入っている。これら
を区別するため，操作1〜4を行った。下の各問いに答えなさい。

操作1：少量ずつ取り，それぞれにじゅうぶんな量の冷水を加えてよく振り混
ぜたところ，AとBは溶けなかった。

操作2：操作1でつくった水溶液のうち，D，Eは電気を通したが，Cは電気
を通さなかった。

操作3：少量ずつ取り，それぞれに希塩酸を加えたところ，気体を発生して溶
けたのは，AとDであった。

操作4：少量ずつ取り，それぞれを加熱したところ，黒くなったのはBとCで
あった。また，Dは気体を発生し，その気体を石灰水に通じると白くにごっ
た。

(1) 操作4で，加熱したときに黒くなったBとCのような物質を何というか。

(2) この操作1〜4で，5つの物質は区別できたか，できなかったか，答えよ。

(3) 区別できなかったと考えた人は，その理由を
答えよ。また，区別できたと考えた人は，Eの
物質名を答えよ。

(4) 操作4で使用した加熱器具は，右図のような
ガスバーナーであった。空気調節ねじは，図の
a，bのどちらか。また，加熱終了後，そのね
じはどの方向に回転させて閉じればよいか。図
のア，イから選べ。

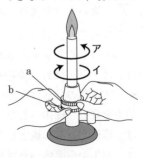

（大阪教育大附高池田図）

38 [金属の性質と密度] ◀頻出

金属について，次の問いに答えなさい。

(1) 金属の一般的な特徴を正しく述べているものを，次のア〜カから3つ選べ。

ア 無機物である。　　　　　　　イ 単体ではない。

ウ 折り曲げたり伸ばしたりできる。　エ 融点が一定ではない。

オ 光沢がある。　　　　　　　　カ 燃やすと二酸化炭素が発生する。

　金属 A，B，C を用意した。これらはマグネシウム，アルミニウム，鉄のいずれかで，各金属の密度は次の表のとおりである。

マグネシウム	アルミニウム	鉄
1.74	2.70	7.87

単位は〔g/cm³〕

【実験1】　同じ体積の金属 A と B を上皿てんびんにのせると，右図のようになった。

【実験2】　金属 A，B，C に水酸化ナトリウム水溶液を加えると，B のみ気体が発生した。

【実験3】　金属 A，B，C に強力な磁石を接近させると，C のみが引きつけられた。

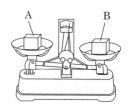

(2)　実験1～3より，A，B，C の金属の組み合わせとして正しいものを，次のア～カから1つ選べ。

ア　(A, B, C) = (アルミニウム，鉄，マグネシウム)

イ　(A, B, C) = (アルミニウム，マグネシウム，鉄)

ウ　(A, B, C) = (鉄，アルミニウム，マグネシウム)

エ　(A, B, C) = (鉄，マグネシウム，アルミニウム)

オ　(A, B, C) = (マグネシウム，鉄，アルミニウム)

カ　(A, B, C) = (マグネシウム，アルミニウム，鉄)

(三重・高田高)

★★39 ［合金の密度］

　金の密度は 19g/cm³，銀の密度は 11g/cm³ である。金と銀を混ぜて合金をつくるとき，合金の体積は，金と銀の体積の和であるとして，次の問いに答えなさい。

(1)　金19gと銀22gを混ぜて合金Aをつくるとき，合金Aの密度は何 g/cm³ か。四捨五入により整数で答えよ。

⊘(2)　金と銀のみからなる別の合金Bの密度は 17g/cm³ である。この合金Bの100cm³ 中に金は何 cm³ 含まれているか。四捨五入により整数で答えよ。

⊘(3)　(2)の合金Bの 100g 中に金は何 g 含まれているか。四捨五入により整数で答えよ。

(愛知・東海高)

（着眼）

37 加熱すると黒くこげて炭になったり，燃えて二酸化炭素を発生したりする物質を**有機物**といい，有機物以外の物質を**無機物**という。

38, 39 密度〔g/cm³〕= $\dfrac{物質の質量〔g〕}{物質の体積〔cm³〕}$

*40 ［物質の識別①］

8種類の物質A〜Hがあり，それらは次のいずれかである。

塩化ナトリウム	水酸化ナトリウム	炭酸ナトリウム	砂糖
炭酸カルシウム	酸化銀	ベーキングパウダー	塩化銅

これらの物質について，次の実験1〜5を行った。

【実験1】 それぞれの物質を水に溶かしたところ，CとDはまったく溶けなかった。また，Fを水に溶かすと，水溶液は青色になった。

【実験2】 物質Cに塩酸を加えると気体aが発生した。

【実験3】 物質Aを試験管に入れて加熱したところ，気体aが発生し，加熱後の試験管には白い物質Gが残った。

【実験4】 物質A，E，Gをそれぞれ，水に溶かしてフェノールフタレイン溶液を2，3滴加えると色がついた。

【実験5】 物質Bを水に溶かし，その水溶液を少量とって加熱し，残った白色の固体をルーペで観察したところ，右図のような結晶が見られた。

この実験について，次の(1)〜(7)に答えなさい。

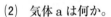

(1) 物質A〜Hの中に混合物が2つある。それらを，A〜Hの記号で答えよ。

(2) 気体aは何か。

(3) 気体aの性質として正しいものを，次のア〜クからすべて選び，記号で答えよ。

 ア　空気より軽い。 イ　空気より重い。 ウ　無色の気体。
 エ　有色の気体。 オ　臭いがない。 カ　刺激臭がある。
 キ　水に溶けない。 ク　石灰水に通すと白くにごる。

(4) 気体の「におい」をかぐときは，どのようにすればよいか，簡単に述べよ。

(5) 実験4で色がついたとあるが，何色か，その色を答えよ。

(6) 実験4の色にも濃淡がある。物質A，E，Gのうち，最もうすいものはどれか，A，E，Gの記号で答えよ。

(7) 物質C，D，Eはそれぞれ何か。

（大阪・清風南海高改）

**41 ［物質の識別②］

粉末A〜Dを用いて次の実験1〜5を行い，結果を表1にまとめた。粉末は炭酸水素ナトリウム，砂糖，食塩，アルミニウム，鉄，銅，石灰石，デンプンのどれかである。これについて，あとの問いに答えなさい。

【実験１】 一定の粉末の色を目で確認した。

【実験２】 薬品さじ１杯分の粉末を試験管に入れ，その試験管に水を加えてよく振って，そのようすを観察した。

【実験３】 蒸発皿に粉末を入れ，ガスバーナーで加熱し，その変化を観察した。

【実験４】 粉末に磁石を近づけて，そのようすを観察した。

【実験５】 粉末を入れた試験管にうすい塩酸を加え，その変化を観察した。

表1 実験結果

	A	B	C	D
実験1	白色	黒色	白色	白色
実験2	溶けた	溶けない	溶けた	白くにごった
実験3	変化なし	変化なし	黒くなった	黒くなった
実験4	つかない	ついた	つかない	つかない
実験5	変化なし	気体が発生	変化なし	変化なし

(1) 粉末Ａ〜Ｄはそれぞれ何か。次のア〜クから，それぞれ１つずつ選び，記号で答えよ。

　ア　炭酸水素ナトリウム　　イ　砂糖　　ウ　食塩　　エ　アルミニウム
　オ　鉄　　　　　　　　　　カ　銅　　　キ　石灰石　　ク　デンプン

(2) 粉末ＣやＤのような物質を一般に何というか。漢字３文字で答えよ。

(3) ある金属の質量を上皿てんびんで調べたところ13.3gであった。右図は水が10.0cm³入ったメスシリンダーにこのかたまりを沈めたときのようすである。

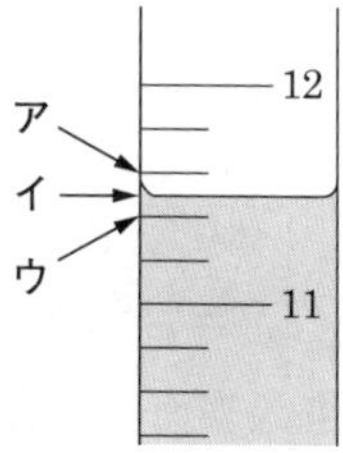

① メスシリンダーを目盛りを読むときの正しい目線の位置を図中のア〜ウから１つ選べ。

② 金属のかたまりの体積は何cm³か。小数第１位まで答えよ。

③ この物質は何か。下の表を参考に，あとのア〜ウから１つ選べ。

金属	アルミニウム	鉄	銅
密度〔g/cm³〕	2.7	7.9	8.9

　ア　アルミニウム　　イ　鉄　　ウ　銅

（愛媛・愛光高改）

着眼

40 炭酸水素ナトリウムを加熱すると，炭酸ナトリウムと水と二酸化炭素に分解される。また，炭酸カルシウムに塩酸を加えると二酸化炭素が発生する。

41 8種類の物質のうちで，ガスバーナーで加熱したときに黒くなるのは砂糖，銅，デンプンだけである。

★★42 ［金 属］

2種類の金属A，Bについて次の実験を行った。この金属A，Bは，アルミニウム，亜鉛，鉄，銅，銀のいずれかである。あとの問いに答えなさい。

【実験】 金属Aのかたまりと金属Bのかたまりの，質量と体積をそれぞれ測定した。質量は，金属Bのほうが金属Aよりも5.50g大きかった。また，金属Aの体積は4.6cm³，金属Bの体積は2.0cm³であった。

(1) アルミニウム，亜鉛，鉄，銅，銀に共通してみられる性質は何か。最も適当なものを次のア～エから1つ選んで，その記号を書け。

　ア　金づちでたたくと割れる。　　イ　水よりも密度が小さい。
　ウ　磁石につく。　　　　　　　　エ　電気をよく通す。

(2) 金属Aは何か。また，金属Bのかたまりの質量は何gか。四捨五入して，小数第1位まで書け。なお，アルミニウム，亜鉛，鉄，銅，銀の密度は下の表のとおりである。

金属	アルミニウム	亜鉛	鉄	銅	銀
密度〔g/cm³〕	2.70	7.13	7.87	8.96	10.5

(福井県改)

★★★43 ［密 度］

次に示す記述を読んで，あとの各問いに答えなさい。

Ⅰ　大きさの異なるボルトやナットを用意し，体積と質量を測定したところ，下の表のようになった。

表1

体積〔cm³〕	3.8	7.5	10.6	15.6	18.5
質量〔g〕	30.0	60.0	91.0	120.5	149.2

Ⅱ　表面に塗料がぬってあって，種類がわからない金属A～Gがある。これらの金属の体積と質量を測定したところ，下の表のようになった。

表2

金 属	A	B	C	D	E	F	G
体積〔cm³〕	5.6	8.1	4.5	13.3	11.8	2.7	14.0
質量〔g〕	59	64	13	140	32	28	110

Ⅲ　A君は，二酸化炭素が空気より重いことは知っていたが，密度を計算しようと思い実験を行った。まず，ドライアイス(固体の二酸化炭素)の小片を，てんびんではかったら1.25gであった。これを急いで1Lの丸底フラスコに入れ，出てくる気体をメスシリンダーに水上置換法で集めた。ドライアイスが全部気体になってからメスシリンダー内の気体の体積をはかったら0.675Lあった。

(1) ボルトやナットのような，複雑な形をした固体の体積を測定する方法を書け。

(2) 表1の質量と体積の関係をグラフにかけ。（右の方眼紙を用いよ。）

(3) Ⅰで用いたボルトやナットはすべて同じ1種類の金属であるとすると，次のうちどれか。＜　＞は密度を表す。

金 ＜ 19.3 ＞
銀 ＜ 10.5 ＞
鉄 ＜ 7.9 ＞
アルミニウム ＜ 2.7 ＞

(4) 表2の質量と体積の関係をグラフにかけ。（右の方眼紙を用いよ。）グラフにはA～Gの記号も書き入れること。

(5) (4)のグラフを見ると，A～Gには何種類の金属があると考えられるか。

(6) Ⅲで気体を集めるために用いた装置を，フラスコも含めすべて図示せよ。

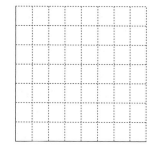

(7) Ⅲの文中の下線部で，体積を読みとるときに注意すべき点を，「メスシリンダーが液面に垂直になるようにする」，「最小目盛りの10分の1まで目分量で読む」以外に1つ書け。

(8) B君はA君の実験を見ていて，2つの意見を述べた。B君の意見をどう思うか。自分の考えを書け。

意見①：ドライアイスをてんびんからフラスコに移すとき，ある程度気体になったのではないか。

意見②：二酸化炭素は水に溶けるから，体積は減っているのではないか。

（大阪教育大附高池田）

着眼

42 (2)金属Aの密度は金属Bの密度の2分の1より小さい。

43 (2)(3)測定値には誤差もあるので，グラフをかくとき，測定値に最も近いところを通る直線を引く。また，密度は物質ごとに決まった値になるので，物質を見分ける手がかりとなる。
(4)(5)体積と質量の関係をグラフにしたとき，同じ直線上にある物質は密度が同じであるため，同じ種類の物質であるといえる。

2 気体の発生と気体の性質

解答 別冊 *p.17*

★**44** ［酸素・二酸化炭素・アンモニア］ ◀頻出

次の問いに答えなさい。

(1) 酸素と二酸化炭素を区別するためには，両方の気体の性質を知っておく必要がある。酸素と二酸化炭素の性質について，誤っているものはどれか。次のア〜オのうちから1つ選び，記号で答えよ。

　ア　どちらの気体も無色である。

　イ　どちらの気体も無臭である。

　ウ　火のついた線こうを入れると酸素のほうは激しく燃えたが，二酸化炭素のほうはすぐに消えた。

　エ　水にぬらした赤色リトマス紙を気体にふれさせると，二酸化炭素のほうだけ青色に変化した。

　オ　石灰水を入れてよくふると，二酸化炭素のほうだけ白くにごった。

(2) 酸素と二酸化炭素をそれぞれ発生させる実験で，使わないものはどれか。次のア〜オのうちから正しいものを1つ選び，記号で答えよ。

　ア　オキシドール　　　イ　二酸化マンガン　　　ウ　石灰石

　エ　うすい塩酸　　　　オ　うすいアンモニア水

(3) 酸素とアンモニアをそれぞれ発生させるとき，その集め方について，最も適当なものはどれか。次のア〜オのうちから1つ選び，記号で答えよ。

　ア　どちらの気体も水に溶けやすく，空気よりも密度が大きいので，下方置換を行う。

　イ　どちらの気体も水に溶けやすく，空気よりも密度が大きいので，上方置換を行う。

　ウ　酸素は水に溶けやすく，空気よりも密度が大きいので下方置換を行い，アンモニアは水に溶けないので水上置換を行う。

　エ　酸素は水にわずかに溶け，空気よりも密度が大きいので上方置換を行い，アンモニアは水に溶けるので水上置換を行う。

　オ　酸素は水にわずかしか溶けないので水上置換を行い，アンモニアは水に溶け，空気よりも密度が小さいので上方置換を行う。

(三重高)

着眼

　　44 水にわずかしか溶けない気体は水上置換，水に溶けやすくて空気より密度が大きい気体は下方置換，水に溶けやすくて空気より密度が小さい気体は上方置換で集める。

*45 [気体の発生・集め方・性質] ＜頻出

いろいろな方法で気体を発生させて，その性質を調べる実験をした。あとの各問いに答えなさい。

【実験1】 水酸化カルシウムと塩化アンモニウムを混ぜて加熱すると，気体Aが発生した。

【実験2】 亜鉛にうすい塩酸を加えると，気体Bが発生した。

【実験3】 ベーキングパウダーを加熱すると，気体Cが発生した。

【実験4】 うすい過酸化水素水に二酸化マンガンを加えると，気体Dが発生した。

(1) 実験1の方法として正しいものを，次のア～ウから1つ選び，記号で答えよ。

(2) 実験2で発生する気体の集め方として最も適したものを，次のア～ウから1つ選び，記号で答えよ。また，その方法を何とよぶか。漢字4字で答えよ。

ア

イ

ウ

(3) ある気体では，右図のように，気体の入った試験管の口を指で押さえ，水の中で指を離すと，水が激しく試験管の中に入って水溶液ができた。このような性質を示す気体は，気体A～Dのうちのどれか。1つ選び，記号で答えよ。

(4) (3)のように水が激しく試験管の中に入るのは，その気体のどのような性質によるものか。その性質を簡潔に説明せよ。

(広島大附福山高)

45 水酸化カルシウムと塩化アンモニウムを混ぜて加熱すると，気体Aとともに水も生じる。

★★**46** ［気体の発生と発生量①］

ますみさんは理科の時間にいろいろな気体の発生と性質について実験を行った。その中でも貝がらを使った実験は，とても興味深かった。その実験は，次のようなものであった。

まず，貝がらを粉末になるまですりつぶしてから，その一部を取りだして天びんで質量をはかり三角フラスコに入れた。次に図1のように活せんつきろうとを取りつけてから，メスシリンダーでうすい塩酸をはかり活せんつきろうとに入れた。そして活せんを開け液体をゆっくりと落とし，発生した気体について調べた。この実験について，次の問いに答えなさい。

図1

(1) 発生した気体の名称とその気体の一般的な集め方を答えよ。

(2) 発生した気体の性質として最も適当なものを次のア〜エから1つ選び，その記号を書け。

 ア　無色の気体で，においもなく，水に溶けにくく，ものを燃やすはたらきがある。

 イ　無色の気体で，においもなく，水に少し溶けて酸性を示す。

 ウ　無色の気体で，においもなく，水に溶けにくく，空気よりも軽い。

 エ　無色の気体で，特有の強いにおいがあり，水に溶けてアルカリ性を示す。

(3) この実験で，うすい塩酸の量は変えずに，すりつぶした貝がらの質量を a〔g〕，$2a$〔g〕，$3a$〔g〕，$4a$〔g〕，$5a$〔g〕，$6a$〔g〕と変え，それぞれ発生する気体の質量を求めた結果，図2のようになった。ただし，$2a$〔g〕とは a〔g〕の2倍の質量のことである。この図2をもとに，次の①および②に答えよ。

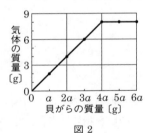

図2

 ①　貝がらの質量が $5a$〔g〕のとき，発生する気体の質量を最大とするにはどうしたらよいか，その方法を書け。

 ②　①の方法を行ったとき，$5a$〔g〕で発生する気体の質量は合計で最大何gとなるか，答えよ。

（国立高専改）

着眼

46 (3)貝がらの質量が $4a$〔g〕より多くなっても発生する気体の質量が変化しないということは，$4a$〔g〕の貝がらを加えたときに，うすい塩酸がすべて反応したと考えられる。

47 ［気体の発生と発生量②］

金属(A 48mg, B 54mg, C 56mg)にそれぞれうすい塩酸を加え，水素を発生させた。次の表とグラフは，用いた塩酸の量〔cm³〕と水素の発生量〔cm³〕との関係を表している。これについて，あとの問いに答えなさい。

水素の発生量〔cm³〕

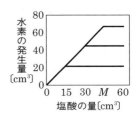

塩酸の量〔cm³〕 金属	15	30	M	60
A	22	45	45	45
B	22	45	59	67
C	22	22	22	22

(1) 水素について述べているものを，次のア〜カから1つ選べ。

ア においがある。 イ 水に溶けやすい。

ウ 有色である。 エ 空気より重い気体である。

オ 燃えると水になる。 カ 空気中に約20％含まれる。

(2) 表中のMに入る最も近い数値を，次のア〜オから1つ選べ。

ア 35 イ 40 ウ 45 エ 50 オ 55

(3) 同じ質量の金属A，B，Cをそれぞれじゅうぶんな量の塩酸と反応させた。このとき発生する水素の体積が多い順に左から並べてあるものを，次のア〜カから1つ選べ。

ア A, B, C イ A, C, B ウ B, A, C

エ B, C, A オ C, A, B カ C, B, A

（三重・高田高）

48 ［いろいろな気体の性質］

気体について正しく述べたものを，次のア〜オから1つ選びなさい。

ア 酸素は物を燃やすはたらきがあり，空気より軽い気体である。

イ 塩素は無色，刺激臭の気体で，水に溶けやすく，水道水の殺菌に使われる。

ウ 二酸化炭素は水に溶け，水溶液は酸性を示し，石灰水を白くにごらせる。

エ 二酸化硫黄は無色，刺激臭の気体で，ぬらした赤色リトマス紙を青色に変える。

オ アンモニアは空気より軽い気体で，水によく溶け，水溶液は酸性を示す。

（長崎・青雲高）

47 (2)金属Bのとき，塩酸の量がM〔cm³〕になるまでは，水素の発生量は塩酸の量に比例していると考えられる。

★★49 ［アンモニアの製法と性質］

　アンモニアの製法には次のようなものがあることが知られている。これについて，あとの問いに答えなさい。

【方法A】　濃アンモニア水を加熱する。

【方法B】　水酸化カルシウムと塩化アンモニウムの固体どうしを混合して，
　　　　　　ガスバーナーで加熱する。

【方法C】　水酸化ナトリウムと塩化アンモニウムの固体どうしを混合して，
　　　　　　少量の水を加える。

(1)　方法Aは，気体のどのような性質を利用したものか。20字以内で書け。

(2)　方法Bの反応ではアンモニア以外に2種類の
　　物質ができる。その物質の名称をそれぞれ書け。

図1

(3)　図1に，方法Bを用いて集気瓶にアンモニ
　　アを捕集しているようすを示した。この方法に
　　は2か所の誤りがある。それぞれどのように直
　　せばよいか。簡潔に述べよ。

難(4)　方法Cは方法Bと類似の反応であるにもかかわらず，加熱する必要がな
　　い。これは，どの物質のどのような性質を用いたものか。簡潔に書け。

(5)　図2のように，丸底フラスコにアンモニ
　　アを捕集する。そして，先を細くしたガラス
　　管と水の入ったスポイトをゴム栓に差し込
　　み，丸底フラスコに栓をしてガラス管の先を
　　BTB溶液を加えた水に入れる。スポイトを
　　強く押したときに起こる現象について，次の
　　i～ivの文を読み，あとの①～③の問いに答
　　えよ。

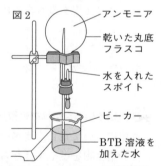

図2

アンモニア

乾いた丸底
フラスコ

水を入れた
スポイト

ビーカー

BTB溶液を
加えた水

i　スポイトの水が丸底フラスコの中に押し出されて，アンモニアが溶け，
　　丸底フラスコの中の ☐ a ☐ が小さくなる。

ii　 ☐ b ☐ ，ビーカーの水がフラスコに入ってきて噴水のように吹き出す。

iii　さらにアンモニアが溶けるので，丸底フラスコの中の ☐ a ☐ がさらに小
　　さくなり，噴水がしばらく続く。

iv　丸底フラスコの中にたまった水は ☐ c ☐ 色になっている。

①　空欄aに，適する語を書け。

②　空欄bにあてはまるように，ビーカーの水が上がってくる理由を書け。

③　空欄cに，適する色を書け。　　　　　　　　　　（奈良・東大寺学園高図）

★★*50* [いろいろな気体の発生と性質]

次の①～⑤に示した気体について，その性質をa～eに示した。これについて，あとの問いに答えなさい。

① 酸素　　　　② 窒素　　　　③ 水素
④ アンモニア　　⑤ 二酸化炭素

a：無色の気体で空気より軽い。水によく溶ける。

b：無色の気体で空気よりわずかに軽い。水にほとんど溶けない。

c：無色の気体で非常に軽い。水にほとんど溶けない。

d：無色の気体で空気よりわずかに重い。水にほとんど溶けない。

e：無色の気体で空気より重い。水に少し溶ける。

(1) 次のア～オの記述について，正しいものはどれか。すべて選べ。

ア　オキシドールを二酸化マンガンに注ぐと発生する気体は，dの性質を示す。また，うすい水酸化ナトリウム水溶液に直流電流を流すと，＋極側に発生し，点火するとそれ自身が燃えるので，①である。

イ　亜鉛にうすい塩酸を加えると発生する気体は，cの性質を示す。また，うすい水酸化ナトリウム水溶液に直流電流を流すと，－極側に発生し，点火するとそれ自身が燃えるので，③である。

ウ　塩化アンモニウムに水酸化カルシウムを混ぜて加熱すると発生する気体は，aの性質を示す。また，その水溶液はBTB溶液を黄色に変えるので，④である。

エ　自動車のエアバッグを膨張させる気体は，bの性質を示す。また，空気の主成分でもあり，液体に花びらを入れると，すぐに凍結することでも知られているので，②である。

オ　炭酸水素ナトリウムを加熱すると，2種類の気体が発生する。1つは，青色の塩化コバルト紙を変化させ，もう1つは，eの性質を示す。後者の気体を通した水は，BTB溶液を青色に変えるので，その気体は⑤である。

(2) (1)のオの下線部では何色に変化するか。また，前者の気体は何か。

（大阪教育大附高池田）

着眼

49 アンモニアは空気より軽く（密度が小さく），非常に水に溶けやすい気体である。そのため，図1のような方法では，集めることはできない。

50 (1)青色の塩化コバルト紙に水をつけると赤(桃)色に変化する。また，炭酸水素ナトリウムを加熱すると，炭酸ナトリウムと二酸化炭素と水に分解される。

★★*51* ［気体の分類①］

実験室にある薬品を使って，下の表のような組み合わせで4種類の気体ア～エを発生させた。また，あらかじめ別の気体オ（窒素）も用意した。それぞれの気体を数本ずつ試験管に取り，ゴム栓をしておいた。そして，これらの気体の性質を調べるために，いくつかの実験を行った。あとの各問いに答えなさい。

気体	薬品	
ア	炭酸水素ナトリウム	塩酸
イ	塩化アンモニウム	水酸化カルシウム
ウ	二酸化マンガン	過酸化水素水
エ	亜鉛	塩酸

(1) 水の入った水槽に，気体の入った試験管を逆さまに立ててからゴム栓をはずしたところ，いっぱいに水が入ってきたものが1つだけあった。その試験管に入っていたのは，気体ア～オのどれか。また，この試験管にたまった水の性質は，酸性，中性，アルカリ性のうちのどれか。

(2) 次に，気体の入った試験管に石灰水を入れてよく振りまぜたところ，石灰水が白くにごったものが1つだけあった。その試験管に入っていたのは，気体ア～オのどれか。

(3) 色もにおいもなく，石灰水を入れてよく振っても白くにごらなかった気体が3つあった。そこで，気体の入った試験管の中程まで火のついた線香を入れてみたところ，1つの試験管では線香の火が激しく燃え，ほかの2つの試験管では線香の火が消えてしまった。線香の火が激しく燃えた試験管に入っていたのは，気体ア～オのどれか。また，線香の火が消えた2つの気体を見分けるためには，さらにどのような実験を行えばよいか。10字以上15字以内で答えよ。

（東京・筑波大附駒場高）

★★★*52* ［気体の分類②］

7種類の気体（水素，酸素，窒素，塩素，アンモニア，塩化水素，二酸化炭素）A～Gがある。右の気体の密度の表と，実験1～8の結果をもとに，あとの問いに答えなさい。

20℃，1気圧での気体の密度〔g/cm³〕

気体	密度	気体	密度
水素	0.00008	アンモニア	0.00072
酸素	0.00133	塩化水素	0.00153
窒素	0.00116	二酸化炭素	0.00184
塩素	0.00299		

【実験1】 気体の色を調べたところ，気体D
以外はすべて無色の気体であった。

図1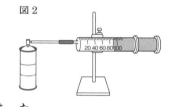

【実験2】 試験管に2種類のある物質を入れ，
図1の装置を用いると，気体Bが発生した。

【実験3】 水で湿らせたリトマス紙にそれぞれ
の気体を吹きかけると，気体によっては，リ
トマス紙の色が変わるものがあった。

【実験4】 気体Eを石灰水に通じると白濁した。

【実験5】 水を半分入れた500mLのペットボトルに，気体Eの入ったボンベ
から250mLの気体を入れてふたをしてよく振り混ぜたら，ペットボトルに
大きな変化が見られた。

【実験6】 気体EとGがそれぞれ入った2本
のボンベの質量(これをW_1とする)をあらか
じめ測定した。その後，図2のように注射
器を用いて100mL分の気体をボンベから押
しだし，再びボンベの質量(これをW_2とする)
を測定した。その結果は，右の表のとおりであった。

図2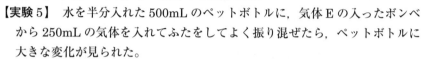

【実験7】 気体Aを半分ほど入れた試験管の口
にマッチの火を近づけるとキュッと音がした。

【実験8】 気体Fを水に溶かした液に亜鉛を
加えると，気体Aがさかんに発生した。

	E	G
W_1〔g〕	132.751	113.698
W_2〔g〕	132.562	113.563

(1) 実験2で，図1の装置を用いて気体Bを発生させるために用いた2種類
の物質の名称を答えよ。

(2) 実験3で，気体DとFによってリトマス紙の色はそれぞれ変化するか。
変化する場合は，どのように変化するかを答えよ。

(3) 実験5で，ペットボトルにどのような変化が見られたか。また，その理
由を説明せよ。

(4) 気体C，F，Gの名称をそれぞれ答えよ。

(5) においのある気体は，A～Gのうちのどれか。すべて答えよ。

(東京・お茶の水女子大附高改)

51 (1)試験管の中に水がいっぱい入ってくるのは，試験管の中の気体がたくさん水に
溶け，試験管内の圧力が大気圧よりとても小さくなるときである。

52 実験7で生じたキュッという音は，試験管の口にマッチの火を近づけたときに試
験管内の気体が燃えたことによって生じた音である。

★★ **53** ［気体の分類③］

　6種類の気体A～Fがある。これは窒素，酸素，二酸化炭素，水素，アンモニア，塩素のいずれかである。次の文を読んで，あとの問いに答えなさい。

・色がついている気体はAだけであり，Aは（　a　）の気体であった。Aを入れた集気瓶に赤色リトマス紙を入れると（　b　）になった。

・Bは化学的に不活性であった。

・Cを石灰水に通すと（　c　）ににごった。Cをさらに通すと（　d　）になった。

・B，DはCよりも空気中に多く含まれている。

・Eは気体の中で最も軽い。

・Fの水溶液にフェノールフタレイン溶液を加えると（　e　）に変化した。

(1)　a～eにあてはまる色をア～カより選べ。同じものを何度選んでもよい。

　　ア　無色透明　　　イ　白色　　　ウ　赤色

　　エ　黄緑色　　　　オ　青色　　　カ　緑色

(2)　A～Fのうち化合物である気体をすべて選び，A～Fの記号で答えよ。

(3)　下線部は，水に溶けにくい炭酸カルシウムと水と気体Cが反応し，水に溶けやすい物質Xが生成するために起こる。物質Xの名称を答えよ。

(4)　次のア～エの操作のうち気体A～Fのいずれも発生させないものを選べ。

　　ア　マグネシウムリボンに塩酸を加える。

　　イ　硫化鉄に塩酸を加える。

　　ウ　炭酸カルシウムに塩酸を加える。

　　エ　水酸化カルシウムと塩化アンモニウムの混合物を加熱する。

(鹿児島・ラ・サール高改)

着眼

53 (1)炭酸カルシウムは，水に溶けにくい白色の固体である。

　　(4)硫化鉄に塩酸を加えたときに発生する気体は，火山ガスや温泉に含まれる特有のにおい(腐卵臭)をもつ有毒な気体と同じ気体である。

54 [気体の発生と発生量③]

うすい塩酸を用いて次の実験1, 2を行った。操作方法を読み, 下の各問いに答えなさい。

【実験1】 右の図のように, うすい塩酸X50cm³を入れた三角フラスコにマグネシウムを入れて, 発生した気体をメスシリンダーに集めて体積を測定した。下の表は, その結果をまとめたものである。

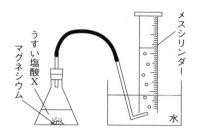

マグネシウムの質量〔g〕	0.10	0.20	0.30	0.40	0.50	0.60
発生した気体の体積〔cm³〕	93.0	186	280	336	336	336

【実験2】 炭酸水素ナトリウムにうすい塩酸Yを入れると気体が発生した。この気体は水に少し溶け, その水溶液は青色リトマス紙を赤色に変えた。

(1) 実験1で発生した気体は何か。

(2) 実験1でうすい塩酸X50cm³中の塩化水素と過不足なく反応するマグネシウムは何gか。小数第2位まで求めよ。

(3) 実験2で発生した気体と同じ気体が発生する方法は次のうちどれか。すべて選び, 記号で答えよ。

ア 酸化銀を加熱する。

イ 卵の殻を食酢につける。

ウ アンモニア水を加熱する。

エ 湯に発泡入浴剤を入れる。

オ 大根おろしにオキシドールを加える。

(大阪教育大附高平野[改])

着眼

54 (2)マグネシウムの質量が0.30gまでは, 発生した気体の体積がマグネシウムの質量におよそ比例している。実験結果に多少の誤差がある場合は, 数値の大きい値(この問題では, マグネシウムの質量が0.30gのとき, 発生した気体の体積が280cm³)を使うとよい。

48

3 水溶液の性質

*55 ［物質の溶け方①］ <頻出

次の問いに答えなさい。

(1) 次の文中の①〜③にあてはまる語の組み合わせとして，正しいものはどれか。あとのア〜オのうちから1つ選び，記号で答えよ。

　一定量の水に物質を溶かしていったとき，物質がそれ以上溶けることのできない水溶液を，その物質の（　①　）という。100gの水にある物質を溶かして（　①　）にしたとき，溶けた物質の質量を（　②　）という。（　②　）は物質によって決まっていて，水の（　③　）によって変化する。

　ア {①：飽和水溶液　②：溶解度　③：温度}
　イ {①：飽和水溶液　②：密度　③：融点}
　ウ {①：状態変化　②：溶解度　③：融点}
　エ {①：状態変化　②：密度　③：温度}
　オ {①：飽和水溶液　②：溶解度　③：密度}

(2) 右のグラフは水の温度を横軸に，100gの水に溶ける硝酸カリウムの最大質量〔g〕を縦軸に表したものである。

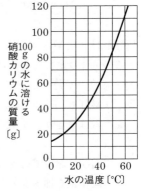

① 60℃の水100gに硝酸カリウム40gを溶かした。あと何gの硝酸カリウムを溶かすことができるか。次のア〜オのうちから最も適当なものを1つ選び，記号で答えよ。
　ア 10g　イ 30g　ウ 50g　エ 70g　オ 90g

② 60℃の水50gに硝酸カリウム15gが溶けている。何℃まで冷やすと硝酸カリウムが溶けきれなくなって結晶となって出てくるか。次のア〜オのうちから最も適当なものを1つ選び，記号で答えよ。
　ア 0℃　イ 10℃　ウ 20℃　エ 30℃　オ 40℃

（三重高）

**56 ［混合物の分離］

次の文章を読んで，あとの各問いに答えなさい。

　台所で母親が漬け物の準備をしていたので，太郎君は漬け物に使うミョウバンの袋を開け，ミョウバンの容器に入れようと思った。ところが，太郎君は間

違えて塩(塩化ナトリウム)が少し残っていた容器に入れてしまった。太郎君が気づいたときには、すでにミョウバンと塩を混ぜたあとだったので、分けることはできなかった。そこで太郎君は理科の授業で習った方法を利用して、ミョウバンと塩を分けることを考えた。

(1) 太郎君が授業で習った、混合物を分ける方法は、「ろ過」「蒸留」「再結晶」の3つである。この3つの方法は、それぞれ物質のどのような性質の違いを利用したものか、簡単に答えよ。

(2) ミョウバンと塩の混合物からできるだけたくさんの純粋なミョウバンを取り出すために、太郎君は上記の3つの方法のうち適切な方法を組み合わせて行った。それらの方法の具体的な操作として正しいものをすべて選べ。

ア できるだけ多量の熱湯を入れて混合物を溶かす。

イ できるだけ少量の熱湯を入れて混合物を溶かす。

ウ 沸騰石を入れた試験管に、混合物の水溶液を8割程度まで入れる。その試験管に温度計と長いゴム管のついたゴム栓を取りつける。

エ 沸騰石を入れた試験管に、混合物の水溶液を3割程度まで入れる。その試験管に温度計と長いゴム管のついたゴム栓を取りつける。

オ ろ紙を折ってからろうとに入れ、少量の水で湿らせて、ろうとに密着させる。

カ ろ紙を水で湿らせてから折り、ろうとに入れて密着させる。

キ ろうとの足をビーカーの壁につける。

ク ろうとの足をビーカーの壁から離す。

ケ 混合物の水溶液をゆっくり温める。

コ 混合物の水溶液をゆっくり冷やす。

サ 混合物の水溶液をガラス棒を伝わらせて、静かにろ紙上に注ぐ。

シ 混合物の水溶液を勢いよく、ろ紙上に注ぐ。

ス ゴム管の先端を空の試験管に差し込み、その試験管を熱湯に浸す。

セ ゴム管の先端を空の試験管に差し込み、その試験管を氷水に浸す。

(東京・筑波大附駒場高)

着眼

55 (2)グラフより、60℃の水100gに硝酸カリウムは約110gまで溶かすことができることがわかる。

56 塩(塩化ナトリウム)は温度が下がってもあまり溶ける量に変化がないが、ミョウバンは温度が下がると溶ける量が激減する。

＊57 ［物質が水に溶けるようす］ ◀頻出

水100gの中に砂糖10gを入れてガラス棒でよくか
き混ぜ，砂糖をすべて溶かした。右の図は，砂糖を
すべて溶かしたあと，水の流れがとまったときの水
の中の砂糖の粒子のようすをモデルで表したもので
ある。これについて，次の問いに答えなさい。ただし，
水の蒸発は考えなくてよいものとする。

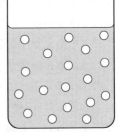

(1) この状態のまま，24時間放置した。24時間後の
砂糖の粒子はどのようになっているか。次のア〜エから最も適当なモデルを
1つ選び，記号で答えよ。

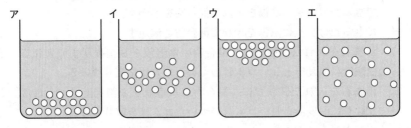

(2) 水100gの中に砂糖10gを入れて，ガラス棒でかき混ぜたりせずに，じゅ
うぶんに長い間静かに放置した。このときの砂糖の粒子はどのようになって
いるか。(1)のア〜エから最も適当なモデルを1つ選び，記号で答えよ。

(3) (2)のあと，ガラス棒でよくかき混ぜ，24時間放置した。24時間後の砂糖
の粒子はどのようになっているか。(1)のア〜エから最も適当なモデルを1
つ選び，記号で答えよ。

＊＊58 ［物質の溶け方②］

次の実験操作について，あとの各問いに答えなさい。

【実験】 硝酸カリウムの結晶を5.0gの水に加えて，結晶がすべて溶けきる最
低の温度を調べたところ，用いた結晶の質量と溶けきった温度との関係は，
下の表のようになった。

	①	②	③	④	⑤
硝酸カリウム	1.0g	2.0g	3.0g	4.0g	5.0g
水	5.0g	5.0g	5.0g	5.0g	5.0g
温度	9℃	27℃	38℃	48℃	57℃

(1) 実験の結果をもとに，100gの水に溶ける硝酸カリウムの質量〔g〕と温度との関係を表すグラフを右にかけ。ただし，①～④に対応する値はグラフ上に必ず点で表し，縦軸の目盛りの2か所の（　　）に数値も入れよ。

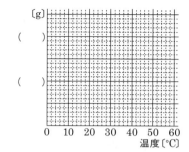

(2) 25℃における，100gの水に溶ける硝酸カリウムの質量〔g〕を答えよ。

(3) 表の③の水溶液の質量パーセント濃度を求めよ。

（東京・お茶の水女子大附高⃞改）

★★★*59* ［再結晶］

硝酸カリウムは100gの水に40℃で64g，60℃で110gまで溶かすことができる。これについて，次の問いに答えなさい。

難▶(1) 60℃の硝酸カリウムの飽和水溶液100gを40℃に冷却すると何gの結晶が生じるか。小数第2位を四捨五入し，小数第1位まで答えよ。

難▶(2) 40℃の硝酸カリウムの飽和水溶液が150gあった。この水溶液から水を20g蒸発させたあと，ふたたび40℃に保つと何gの結晶が生じるか。小数第2位を四捨五入し，小数第1位まで答えよ。

難▶(3) 60℃の硝酸カリウムの飽和水溶液を，40℃に冷却したところ10gの結晶が生じた。初めの60℃の飽和水溶液は何gであったか。小数第2位を四捨五入し，小数第1位まで答えよ。

（大阪・清風南海高）

着眼

57 砂糖がすべて溶けて均一に広がると，その状態はいつまでも続く。

58 質量パーセント濃度〔%〕= $\dfrac{溶質の質量〔g〕}{溶質の質量〔g〕+溶媒の質量〔g〕} \times 100$

59 水の量と水溶液の量の区別が重要である。

60 ［質量パーセント濃度と再結晶］

次の表に硝酸カリウムの溶解度（水 100g に溶ける溶質の最大量）を示す。下の問いに整数値で答えなさい。ただし，答えが割り切れない場合は小数第 1 位を四捨五入して答えなさい。

水の温度	20℃	40℃	60℃	80℃
溶解度	32g	64g	109g	168g

(1)　40℃における硝酸カリウムの飽和水溶液の質量パーセント濃度は何％か。

(2)　60℃で質量パーセント濃度が 20％の硝酸カリウム水溶液 250g に硝酸カリウムはさらに何 g まで溶けるか。

(3)　80℃の硝酸カリウムの飽和水溶液 134g を 20℃に冷やすと，硝酸カリウムの結晶は何 g 出てくるか。

（愛媛・愛光高）

61 ［再結晶の操作方法］

次の文を読み，あとの(1)～(4)の問いに答えなさい。

99g の塩化ナトリウムに 1g の硫酸銅が混ざった試料粉末がある。この試料粉末から純粋な塩化ナトリウムを取り出すために，次のような操作をした。

試料粉末 3 g をはかり取り試験管に入れた。この試験管に水 3 g を加えてよく振り混ぜたところ，淡い青色の水溶液の中に固体が残っていた。この試験管を①試験管ばさみでつかんで②よく振りながら，ガスバーナーで慎重に加熱したが，沸騰しても固体が溶けきることはなかった。続いて，この試験管を室温になるまで冷ましてからろ過すると，ろ紙の上に固体が得られたが，その固体は③淡い青色に見えた。

そこで，ろ液が流れ出なくなってから，（　④　）。得られた固体をすくい取り，蒸発皿に広げて放置し，水分を蒸発させて純粋な塩化ナトリウムを得た。

なお，塩化ナトリウムと硫酸銅の溶解度は図 1 の曲線のとおりである。

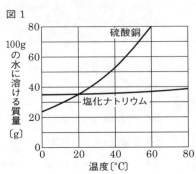

図 1

(1) 下線部①の試験管ばさみは図2のよう
な器具である。下線部②の操作を安全に
行うためには，親指と人差し指で試験管
ばさみのどの部分をしっかり持つとよい
か。図2のア～キから1つ選び，記号で答えよ。

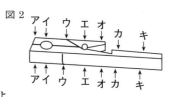

図2

(2) 下線部②の操作を行うためにガスバーナーに火をつ
けると，図3のような大きく黄色い炎になった。この
あとガスバーナーのねじをどのように調節すればよい
か。次のア～クから1つ選び，記号で答えよ。

図3

右に
回す

左に
回す

　ア　上のねじを右に回したあと，下のねじを右に回す。

　イ　上のねじを右に回したあと，下のねじを左に回す。

　ウ　上のねじを左に回したあと，下のねじを右に回す。

　エ　上のねじを左に回したあと，下のねじを左に回す。

　オ　下のねじを右に回したあと，上のねじを右に回す。

　カ　下のねじを右に回したあと，上のねじを左に回す。

　キ　下のねじを左に回したあと，上のねじを右に回す。

　ク　下のねじを左に回したあと，上のねじを左に回す。

(3) 下線部③において，淡い青色に見えた理由として最も適切なものを次の
ア～オから1つ選び，記号で答えよ。

　ア　硫酸銅の結晶が混ざっていたから。

　イ　塩化銅の結晶が混ざっていたから。

　ウ　硫酸銅水溶液が残っていたから。

　エ　液体の硫酸銅が残っていたから。

　オ　液体の塩化銅が残っていたから。

(4) 空欄（　④　）にあてはまる操作として，最も適切なものを次のア～エか
ら1つ選び，記号で答えよ。

　ア　そのまま放置して表面が乾くのを待った。

　イ　そのまま放置して表面が乾くのを待ち，細かな青い粒をピンセットでつ
まんで取り除いた。

　ウ　すぐにろ紙の上から水3gを3回に分けてゆっくり注ぎ，ろ液が流れ落
ちるのを待った。

　エ　すぐにろ紙の上から水3gを注ぎ，ガラス棒でろ紙の上の固体をよくか
き混ぜながら，ろ液が流れ落ちるのを待った。

（東京・筑波大附高囻）

★★★62 [物質の溶解度]

物質の溶解度に関する次の文を読み，あとの各問いに答えなさい。

一定の温度で一定の量の水に溶ける溶質の量は，物質によって決まっている。一定の量の水に溶ける物質の限度の量をその物質の溶解度といい，ふつう，100gの水に溶ける物質の質量〔g〕で表す。物質が溶解度まで溶けている水溶液を ① という。

いま，水に溶かすとアルカリ性を示す物質Aと物質Bがある。₁一般に，固体の物質では水の温度が高いほど水に溶ける量は多くなるが，物質Aは，0℃～100℃の範囲では水の温度が上昇すると溶解度が減少することが知られている。単独の物質Aと物質Bの溶解度を表1に示す。60℃における物質Bの ① 500gには， ② g の物質Bが溶解している。

表1　各物質の溶解度〔g/水100g〕

	10℃	60℃
物質A	0.182	0.122
物質B	0.56	3.56

表2　混合水溶液における各物質の溶解度〔g/水100g〕

	10℃	60℃
物質A	0.060	0.033
物質B	0.49	3.40

一方，物質Aと物質Bの混合物を水に溶解させて溶解度を測定したところ表2のようになり，それぞれの物質の溶解度は表1に示した単独の物質の溶解度と異なる値となった。

物質Aと物質Bの混合物から各純物質（純粋な物質）を精製するため，表2の値をもとにして，右図のような仮想的な装置と操作を考えた。容器1と容器2に水が入っており，それぞれ10℃と60℃に保たれている。次に，両方の容器に溶けきらない量の物質Aと物質Bの混合物（物質Aと物質Bの質量は等しい）をそれぞれ入れて ① とし，容器1と2の水溶液を図の矢印のように循環させた。容器1と2の間では水溶液だけが循環すると考え，またそれぞれの容器内の溶解と析出は速やかに起こるものとする。 ③ は温度の低い容器1で溶解して温度の高い容器2で析出し， ④ はこの逆になる。このあと水溶液を循環させ続けると，容器1の固体の質量は ⑤ 。また，容器2の固体の質量は ⑥ 。じゅうぶんな時間が経ったあと，容器1と2にある固体をそれぞれろ過すると，₂純物質を得ることができる。₃容器2で析出した固体をろ過して分別し，再び水に溶かして二酸化炭素を吹き込むと最初は白色沈殿を生じるが，さらに吹き込むと白色沈殿が溶解する。

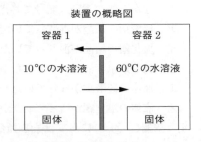

装置の概略図

容器1　容器2

10℃の水溶液　60℃の水溶液

固体　固体

(1) ① に適切な語を入れよ。

(2) 下線部1について，水溶液の温度を変えて固体を析出させることで物質を精製する方法を何というか。

●(3) ② に数値を入れよ。答えは，小数第3位を四捨五入し，小数第2位まで書け。

(4) ③ ， ④ に「物質A」または「物質B」を入れよ。

●(5) ⑤ ， ⑥ にあてはまる適切なものを，次のア〜エから1つずつ選び，記号で答えよ。

　ア　増加する。

　イ　いったん増加して減少する。

　ウ　減少する。

　エ　いったん減少して増加する。

(6) 下線部2に関して，容器1で析出した純物質をなるべく多く得るためには，どのような条件にすればよいか。次のア〜エから2つ選び記号で答えよ。

　ア　水の量を増やす。

　イ　水の量を減らす。

　ウ　容器1の温度を下げる。

　エ　容器2の温度を上げる。

(7) 下線部3から，容器2で析出した固体は何と考えられるか。その物質の名称を答えよ。

（福岡・久留米大附設高）

着眼

62 (3)水の量と水溶液の量の区別が重要である。

　(4)物質Aは温度が高くなると溶解度が小さくなり，物質Bは温度が低くなると溶解度が小さくなる。

　(5)10℃のときの溶解度と60℃のときの溶解度の差は，物質Bのほうが大きい。よって，物質Bの析出のほうが先に終了する。

★★★ **63** ［物質の溶け方と濃度］

次の文章を読んで，あとの問いに答えなさい。

あきら君の家では，たくさんの水を使用する全自動洗濯機を長い間使っていましたが，新しく節水型のドラム式洗濯機に買い替えることになりました。新しく購入することになった洗濯機では，1回の洗濯に使う水の量がとても少なくなっており，あきら君は，「水道代が安くなり，地球環境にも優しい機種だ」と思うと同時に，「少ない水でのすすぎで，確実に洗剤を除くことができるだろうか」と不安になりました。そこであきら君は，「同じ量の水を使ってすすぐ場合，多量の水で1回すすぐのと，少量の水で数回すすぐのでは，どちらがより効果的か」を調べるため，次のようなことを考えて以下に示す実験を行いました。ただし，水，ならびに水溶液の密度はすべて$1g/cm^3$とします。

＜あきら君の考えたこと＞

洗濯物は，洗剤が多く溶けている水溶液を含んでいる。これをすすぐためには，きれいな水を加えてよくかき混ぜればよい。これは，水溶液をうすめていることと同じなので，「すすぎ＝希釈」と考えてよいだろう。

そこで，「洗剤が多く溶けている水溶液」を「質量パーセント濃度25％の塩酸$1cm^3$」に置きかえて，同じ$40cm^3$の水を使って次の2通りの方法，

「$20cm^3$の水で2回に分けて希釈」・「$40cm^3$の水で1回希釈」

だと，塩酸の残り方にどういった違いが現れるかを調べてみよう。

【実験1】 $100cm^3$のビーカーに，質量パーセント濃度25％の塩酸$1cm^3$をはかりとる。

【実験2】 実験1のビーカーに水$20cm^3$を加えよくかき混ぜる（1回目の希釈）。

【実験3】 実験2の水溶液から$10cm^3$を別のビーカーにはかりとり，BTB溶液を1滴加えてから，ある濃度の水酸化ナトリウム水溶液（水溶液Xとする）を全体が緑色になるまで加えていくと，$32.6cm^3$必要だった。

※塩酸などの酸性の水溶液に水酸化ナトリウム水溶液などのアルカリ性の水溶液を加えると，互いの性質を打ち消し合い，中性に近づいていき，過不足なく反応すると中性になる。この反応を中和という。

【実験4】 実験2の水溶液から$1cm^3$を別のビーカーにはかりとり，水$20cm^3$を加え，よくかき混ぜる（2回目の希釈）。

【実験5】 実験4の水溶液から$10cm^3$を別のビーカーにはかりとり，BTB溶液を1滴加えてから，水溶液Xを全体が緑色になるまで加えていくと，〔 ① 〕cm^3必要だった。

【実験6】　新たに 100cm³ のビーカーを用意し，実験1と同じ塩酸 1cm³ をはかりとる。

【実験7】　実験6のビーカーに 40cm³ の水を加え，よくかき混ぜる。

【実験8】　実験7の水溶液から 10cm³ を別のビーカーにはかりとり，BTB溶液を1滴加えてから，水溶液Xを全体が緑色になるまで加えていくと，〔　②　〕cm³ 必要だった。

※同体積の塩酸を水溶液Xですべて中和するとき，塩酸の質量パーセント濃度と，必要な水溶液Xの体積との間には，比例関係が成り立つ。

(1)　塩酸の特徴として誤りを含むものを，次から1つ選び，記号で答えよ。

ア　無色の液体である。　　　　　　　　イ　混合物である。

ウ　二酸化炭素を吹き込むと白くにごる。　　エ　アルミニウムを溶かす。

オ　青色リトマス試験紙につけると赤色に変わる。

(2)　実験1ではかりとった塩酸 1cm³ 中に，塩化水素は何 g 溶けているか。

(3)　実験2で，希釈操作による質量パーセント濃度の変化について述べている次の文中の空欄にあてはまる数値を，1より大きい整数で答えよ。必要があれば，小数第1位を四捨五入すること。

　　　1cm³ の塩酸に 20cm³ の水を加えると，その質量の合計は 21g になり，質量パーセント濃度は希釈前の□□□分の1になる。

(4)　実験2で，20cm³ の水を加えた後の塩酸の質量パーセント濃度は何％か。小数第2位まで答えよ。必要があれば，小数第3位を四捨五入せよ。

(5)　実験3で，水溶液Xを加える前，ビーカー内の水溶液は何色だったか。

(6)　文中の空欄〔　①　〕に入ると考えられる数値を小数第2位まで答えよ。必要があれば，小数第3位を四捨五入せよ。

(7)　文中の空欄〔　②　〕に入ると考えられる数値を小数第1位まで答えよ。必要があれば，小数第2位を四捨五入せよ。

(8)　実験結果をふまえて，次の文中の空欄〔　③　〕にはAまたはBを，空欄〔　④　〕には1より大きい整数を入れよ。〔　④　〕に入る数値は，必要があれば小数第1位を四捨五入せよ。

　　　今回の実験における塩酸をすすぐ効果について，

　　　　A　20cm³ の水で2回すすぐ。　　　B　40cm³ の水で1回すすぐ。

を比較すると，〔　③　〕のほうが他方に比べて〔　④　〕倍の効果が見られた。

（北海道・函館ラ・サール高⦾）

63 BTB溶液は酸性で黄色，中性で緑色，アルカリ性で青色を示す。

4 物質の状態変化

解答 別冊 p.27

★64 [物質の状態] ◁頻出

物質の状態について，次の(1)，(2)の問いに答えなさい。

(1) 物質には固体・液体・気体の3つの状態がある。それぞれの特徴は次のように表すことができる。

固体：決まった（ A ）と，決まった（ B ）がある。

液体：決まった（ A ）はないが，決まった（ B ）がある。

気体：決まった（ A ）も，決まった（ B ）もない。

A，Bに入る語として正しいものは，それぞれ次のア〜カのどれか。1つずつ選び，記号で答えよ。

ア 体積　　イ 温度　　ウ 質量

エ 形　　　オ 圧力　　カ エネルギー

(2) 空のペットボトルの口の部分に，ちょうどぴったりはまる大きさに切った，生のジャガイモを詰めて栓にした。このペットボトルを熱い湯に入れたところ，しばらくすると，「ポンッ」という音をたててジャガイモが飛んだ。このような現象が起きた理由の説明として，最も適当と思われるものを次のア〜カから1つ選び，記号で答えよ。

ア ペットボトルが湯の熱で収縮し，ジャガイモを押したから。

イ ペットボトルが湯の熱で膨張し，ジャガイモを押さえなくなったから。

ウ 温度が上がり，ペットボトルの中の空気が膨張したから。

エ ペットボトルの中の空気の密度が大きくなり，ジャガイモを押す力が大きくなったから。

オ 温度が上がり，大気圧に比べてペットボトルの中の空気の圧力が大きくなったから。

カ ジャガイモが膨張し，ペットボトルを押したから。

（東京・筑波大附高）

着眼　64 氷のような状態のことを固体，水のような状態のことを液体，水蒸気のような状態のことを気体という。このように状態が変化したときに，何が変化するのかを考える。

*65 ［物質の状態変化と体積変化］ ◀ 頻出

次の文の（　）に適する語句，数値を語群ア〜クからそれぞれ1つずつ選び，記号で示しなさい。

固体のろう 55cm³ の入った小さいビーカーを 60℃ に保った温水につけておいた。すべてのろうがとけて液体になったあと，その液体の体積を測定すると，（　(1)　）cm³ であった。そのまま冷やしたら中央部が（　(2)　）固まった。このように多くの液体は固体に状態変化すると体積が（　(3)　）するが，（　(4)　）は例外的に（　(5)　）する。

温水　　　　　　　　　　　　氷水

語群

ア　62　　　　イ　42　　　　ウ　くぼんで　　　エ　盛りあがって

オ　減少　　　カ　増加　　　キ　水銀　　　　　ク　水

（福岡・西南学院高改）

*66 ［物質の状態変化のモデル］ ◀ 頻出

下の図の A 〜 C は，ろうの固体・液体・気体のうちのいずれかの状態のときのろうをつくる粒子のようすをモデルを使って示したものである。これについて，あとの問いに答えなさい。

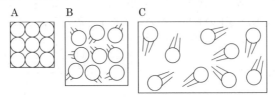

A　　　　　B　　　　　C

(1)　液体の状態を示したモデルはどれか。A 〜 C から選び，記号で答えよ。

(2)　このように状態が変化したとき，粒子全体の質量はどうなるか。次のア〜エから1つ選び，記号で答えよ。

　　ア　A のときが大きい。　　　イ　B のときが大きい。

　　ウ　C のときが大きい。　　　エ　状態が変化しても全体の質量は変わらない。

(3)　密度が最も小さいのはどれか。A 〜 C から選び，記号で答えよ。

着眼

65 液体→固体，と変化するとき，水はほかの物質と異なる体積変化を示す。

66 状態が変化しても，物質をつくっている粒子の数は変化しない。

*67 ［状態変化と体積変化・蒸留］ ◀頻出

エタノールを加熱して，エタノールの性質を調べる実験を行った。(1)～(4)の
問いに答えなさい。

【実験1】

1. ビーカーにエタノールを入れ，エタノールの
   質量を電子てんびんで測定したところ，27.3g
   であった。次に，体積を測定するために
   100mL のメスシリンダーに移した。液面を真
   横から水平に見ると，図1のようであった。

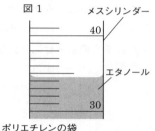

図1
メスシリンダー
40
エタノール
30

2. 1のエタノールをポリエチレンの袋に入れ，
   ポリエチレンの袋の口を輪ゴムでしば
   り，熱湯をかけたところ，図2のよう
   にポリエチレンの袋はふくらんだ。

図2　ポリエチレンの袋

【実験2】

1. エタノール5cm³ と水20cm³ をはかって混合物をつくり，枝つきフラスコ
   に入れた。
2. 図3のような装置を用いて混合物を加熱し，1分ごとに温度を測定した。
3. 混合物が沸騰し，試験管に液体がたまり始めた。その液体を約3cm³ ずつ
   3本の試験管に集めた。
4. 2，3の結果をグラフに表したところ，図4のようになった。
5. 図5のように，3で試験管に集めた液体にひたしたろ紙に火をつけたとき
   のようすを調べた。下の表は，その結果をまとめたものである。

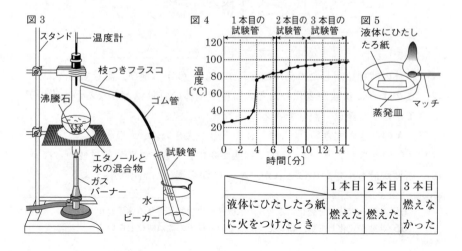

図3
スタンド　温度計
枝つきフラスコ
沸騰石
ゴム管
エタノールと
水の混合物
試験管
ガス
バーナー
水
ビーカー

図4
1本目の　2本目の　3本目の
試験管　試験管　試験管
温度〔℃〕

図5
液体にひたし
たろ紙
蒸発皿
マッチ

	1本目	2本目	3本目
液体にひたしたろ紙に火をつけたとき	燃えた	燃えた	燃えなかった

(1) 実験1で，図1の液面の目盛りを読みとり，エタノールの密度を求めよ。ただし，1mL＝1cm³ とし，四捨五入して小数第2位まで求めること。

(2) 実験1の2のポリエチレンの袋の中にあるエタノールの状態変化を，粒子のモデルを使って次のように説明した。文中の ① ， ② にあてはまる語句の組み合わせとして正しいものを，下のア〜エの中から1つ選び，その記号を書け。

> ポリエチレンの袋の中にある液体のエタノールが気体になると，粒子の ① ，体積は増加し，密度は ② 。

	①	②
ア	大きさは大きくなり	小さくなる
イ	大きさは大きくなり	変わらない
ウ	運動は激しくなり	小さくなる
エ	運動は激しくなり	変わらない

(3) 実験2で，試験管を水の入っているビーカーに入れる目的を，液体という語句を使って書け。

(4) 実験2で，1本目の試験管に多く集まった液体は何か。その名称を書け。また，図4と実験2－5の表の結果から，そのように考えた理由を書け。

(埼玉県改)

*68 ［水の状態変化と温度変化］ ◀頻出

右の図は，固体の氷を加熱したときの状態変化について，温度と加熱した時間の関係を模式的に表したものである。固体の氷を加熱すると気体の水蒸気になる。このことについて，次の(1)，(2)の問いに答えなさい。

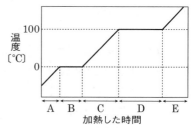

(1) 図中のA，B，C，D，Eの部分のうち，液体の水が存在するのはどれか。すべて選び，その記号を書け。

(2) 冬季の湖には，その表面に氷が浮いていることがある。氷が水に浮く理由として正しいものを，次のア〜エから1つ選び，その記号を書け。

ア 水が氷に状態変化すると体積は変化しないが，質量が大きくなるため。

イ 水が氷に状態変化すると体積は変化しないが，質量が小さくなるため。

ウ 水が氷に状態変化すると質量は変化しないが，体積が大きくなるため。

エ 水が氷に状態変化すると質量は変化しないが，体積が小さくなるため。

(高知県)

★★69 [石油の精製]

石油は，沸点の違いにより，ガス分，ナフサ，灯油，軽油などに分けられる。ブタンなどのガス分を液体にしたものは液化石油ガスとよばれ，カセットコンロなどの燃料に用いられる。ナフサは粗製ガソリンともよばれ，自動車用燃料などのガソリンをつくるのに用いられるほか，□□□□の原料としても重要である。灯油は家庭用燃料に，軽油はディーゼルエンジンの燃料に使われている。

(1) 下線部のように，沸点の違いを利用して物質を分けることを何というか。

(2) カセットコンロのガスボンベには，ブタンを主成分とする液化石油ガスが詰められている。ブタンはガスボンベから出ると気体になるが，ガスボンベの中では室温でも液体になっている。その理由を10字以内で答えよ。

(3) 文中の□□□□にあてはまる語句は何か。次から最も適当なものを1つ選び，記号で答えよ。

　ア　紙　　　イ　ガラス　　　ウ　プラスチック　　　エ　セラミックス

（東京・筑波大附高）

★70 [蒸　留] ◀頻出

水とエタノールの混合物を加熱して出てくる物質を調べるために，次の実験を行いなさい。あとの問いに答えなさい。

【実験】　水50cm³ とエタノール30cm³ と沸騰石を丸底フラスコに入れ，図のように加熱すると，目盛りつき試験管に液体が

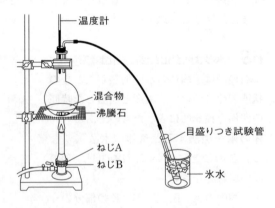

温度計／混合物／沸騰石／ねじA／ねじB／目盛りつき試験管／氷水

たまりはじめた。この液体を5cm³ ずつ，合計10本の試験管に集めたところで加熱をやめた。

(1) ガスバーナーに点火するときの操作①〜⑦を正しい順に並べたものを，あとのア〜カのうちから1つ選べ。

① ガスに点火する。　　　② 元栓を開く。
③ ねじAをゆるめる。　　④ マッチに火をつける。
⑤ ねじAとねじBが閉じていることを確認する。
⑥ ねじBをゆるめる。　　⑦ コックを開く。

ア ⑤→②→⑦→④→⑥→③→① イ ⑤→②→⑦→⑥→④→①→③
ウ ⑤→②→⑦→④→⑥→①→③ エ ⑤→②→⑦→④→③→①→⑥
オ ⑤→②→⑦→④→①→③→⑥ カ ⑤→②→⑦→⑥→③→④→①

(2) 液体の混合物から純粋な物質を取り出すとき，どのような性質の違いを利用しているか。次のア～カから1つ選べ。

ア 融点　　　イ 密度　　　　ウ 体積

エ 沸点　　　オ 溶解度　　　カ 熱の伝わりやすさ

(3) この実験で，加熱を始めてから火を消すまでのフラスコ内の温度変化をグラフで表したものを，次のア～カのうちから1つ選べ。

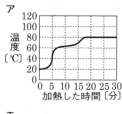
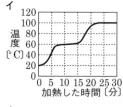
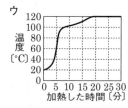
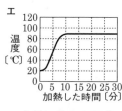
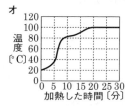
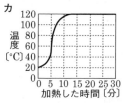

(4) 2本目に集めた液体の主成分が何であるかを調べる方法として最も適切なものはどれか。次のア～カのうちから1つ選べ。

ア BTB溶液を加える。　　　イ 二酸化マンガンを加える。

ウ 石灰石を加える。　　　　エ 蒸発皿に入れて点火する。

オ マグネシウムを加える。　カ 蒸発皿に入れて加熱する。

(5) この実験で用いたエタノール $1cm^3$ の質量は0.79g，水 $1cm^3$ の質量は1gとすると，この実験で用いたエタノール50gの体積は何 cm^3 か。最も近い数値を次のア～カのうちから1つ選べ。

ア 37.5cm³　　　イ 39.5cm³　　　ウ 50.0cm³

エ 59.8cm³　　　オ 62.2cm³　　　カ 63.3cm³

(愛知・中京大附中京高)

着眼

69 (2)カセットコンロのボンベに穴をあけると，ボンベからいきおいよく気体が吹き出てくる。

70 液体が沸騰し始めると液体から気体への変化が激しくなる。そのため，先に沸点に達した物質のほうがたくさん気体となって出てくるが，もう一方の物質も多少混じっている。

★★71 [状態変化と温度変化①]

　20℃で 100g のろう(ロウソクのろう)と 100g のナフタレンにそれぞれ一定の熱量を加え続けたときの温度を測定し，下のような温度変化のグラフが得られた。

　以下の問いに答えなさい。

(1)　ナフタレンは 80℃になったあと，温度が一定であった。このときの温度を何というか。また，このとき与えられた熱は何に使われたか，簡単に答えよ。

(2)　ナフタレンは a 点では，どのような状態になっているか。

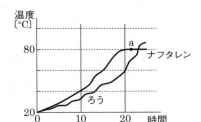

(3)　20℃で 50g のナフタレンに，100g のときと同じ，一定の熱量を加え続けたときのグラフを，右図にかき入れよ。

(4)　グラフの形から，ろうはどのような物質と考えられるか。

(5)　次に，ビーカーにろうを入れ，熱を加えてとかしたあと，しばらく放置すると固まった。固まったあとのろうの断面の形はどのようになっているか。次のア〜ウから選べ。

 ア　 イ　 ウ

(6)　固体の水(氷)は水に浮く。以下はその説明である。文中の①，②で，それぞれ正しいものはどちらか。ア，イで答えよ。

　固体の水(氷)が水に浮くのは，水が凍るとき，体積が①(ア：大きく，イ：小さく)なり，密度が②(ア：大きく，イ：小さく)なるためである。

(京都・洛星高)

71 与えられた熱量が等しい場合(一定の量の熱を同時間与えた場合)，温度変化の大きさは物質の質量に反比例する。

★★72 ［状態変化と温度変化②］

　次のような実験を行い，水の温度が時間の経過とともにどう変化するかを調べた。下の図は，経過時間と温度との関係をグラフに表したものである。これについて，次の問いに答えなさい。ただし，水は状態によって氷，水，水蒸気というようによび方が異なるが，ここではそれらすべての状態を水として示す。

【実験】

　手順1　－10℃の氷200gをビーカーに入れて，一定の強さでゆっくり加熱した。

　手順2　水が60℃に達した段階で加える熱の量を調節して，5分間は温度を一定に保った。

　手順3　その後ビーカーを冷却した。

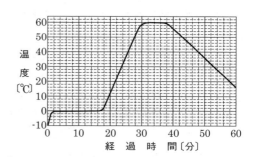

(1)　はじめに入れた水(固体)は，加熱を始めて5分後および20分後にどのような状態になっているか。最も適当なものを次から1つずつ選び，記号で答えよ。

　ア　固体だけの状態　　　イ　固体と液体が混じっている状態

　ウ　液体だけの状態　　　エ　液体が沸騰した状態

　オ　気体だけの状態

(2)　次の文章は，水が固体から液体に変化するときの，体積と質量の変化に関して述べたものである。空欄①，②にあてはまる最も適当な語を下のア～ウからそれぞれ1つずつ選び，記号で答えよ。

　　水は身近で非常にありふれた物質であるが，ほかの物質とは異なる特徴が多い。水は固体から液体に変化するとき，体積は(　①　)。また，質量は(　②　)。このことは，コップの中で氷が水に浮く原因である。

　ア　増加する　　　イ　減少する　　　ウ　変化しない

(3)　50分後の水の状態は，固体・液体・気体のいずれか。

（国立高専改）

着眼

72 (1)氷がとけていく間は，氷と水が混じって存在している。

　　(2)氷が水に浮くということは，氷の密度が水の密度より小さいということである。

★★★*73* ［水溶液の状態変化］

正夫君は野球部員で，夏の練習などに甘い飲み物を凍らせて持っていく。そのことについて，次の①〜④のような経験があった。

> 甘い飲み物を容器Mに入れ，冷凍庫に入れていたが，出発時間に間に合わなくなり，約半分しか凍らせることができなかった。そこで凍っていない部分を別の容器Nに移して冷蔵庫に残し，凍った半分だけを持っていった。
>
> ① 練習の休憩時間に，とけた部分を飲んでみたら，あまり甘くなかった。
> ② 帰宅して，容器Nの溶液を飲んでみたら，甘さが非常に強かった。別の日には，同じ飲み物をすべて凍らせて持っていった。
> ③ 練習の休憩時間に，とけた部分を飲んでみたら，甘さが非常に強かった。
> ④ 練習後，残っていた氷をかじってみたら，あまり甘くなかった。

正夫君はなぜ①〜④のようになるのかを知りたくなって先生に質問したところ，「下の図のような実験装置で，水と砂糖水をゆっくり冷やし，時間とともに温度がどう変化するかを調べてごらん。」といわれたので，さっそく実験してみた。

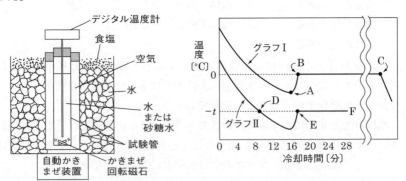

図の細い試験管に水を入れ，太い試験管のまわりの氷に多量の食塩をふりかけると，−10℃ぐらいになって，太い試験管内の空気の温度が下がり，その中の細い試験管内の温度もグラフⅠのように下がっていった。なお，用いた温度計は，細い試験管内の温度を数字で表示するものである。

次に，細い試験管中に＊砂糖水を入れて，同じように実験するとグラフⅡのようになった。また，この実験とは別に，同じ量の水に溶かす砂糖の量を2倍，

3倍にして同様に実験すると，点Dに相当する温度が，$-2t$〔℃〕，$-3t$〔℃〕になった。正夫君がとくに驚いたのは，冷やしているのに温度が上がる部分があることだった。先生に質問すると，「水が凍るときは発熱するんだよ。」といわれた。そういえばグラフ中の点AからBの間で短時間に急に氷ができたが，点BからCの間では氷が少しずつしか増さなかった。点Cではすべて氷になっていた。以下の問いに答えなさい。ただし，グラフⅠ，Ⅱはともに凍り始める16分前からの温度変化を表している。

(1) 経験 ①〜④ について，次の①，②に答えよ。

　① 経験①，②から考えて，砂糖水が凍り始めるときに起こることがらとして正しいものは次のうちのいずれか。

　　ア　砂糖は溶けているが，砂糖水の中の水が凍る。

　　イ　溶けていた砂糖が固体になり，残った水が凍る。

　　ウ　砂糖水と同じ濃度の砂糖を含む氷ができる。

　② 経験③，④から考えて，砂糖水をすべて凍らせたものがとけ始めるときに起こることがらとして正しいものは次のうちのいずれか。

　　ア　凍らせたもののうちの水の部分だけがとける。

　　イ　凍らせたときに最後に固体になった部分がとける。

　　ウ　砂糖水と同じ濃度の砂糖を含む氷がとける。

(2) 水は0℃で凍るといわれているが，実際はグラフⅠのようにいったん0℃よりかなり低い温度になってから凍り始める。しかし，点BからCまでは0℃で一定に保たれる。冷やしているにもかかわらず温度が一定に保たれるのはなぜか。正しいものを1つ選べ。

　　ア　0℃よりも低い温度の氷は存在しないから。

　　イ　冷却された分だけ氷ができて熱を補うから。

　　ウ　氷ができるにつれて体積が増加するから。

(3) 砂糖水が凍り始める温度は，水が凍り始める温度より低いことと関係のあることがらを1つ答えよ。

(4) グラフⅡの実験で，下線部＊の砂糖水に含まれる水の20％が氷になったとき，残った水溶液を取り出した。取り出した水溶液の温度を室温まで上げ，それを用いて同じように実験してグラフをかくと，点Dに相当する点の温度は何℃になるか。tを含む数式で表せ。ただし，$t > 0$である。

(兵庫・灘高改)

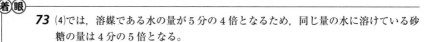

73 (4)では，溶媒である水の量が5分の4倍となるため，同じ量の水に溶けている砂糖の量は4分の5倍となる。

2編	実力テスト	時間 50分 合格点 70点	得点	/100

解答 別冊 *p.30*

1 次の文を読み，あとの(1)～(4)の各問いに答えなさい。(20点)

Tさんは，昼休みに理科の先生を訪ねて理科室に行った。すると，金属の立方体Xと金属板Yが，実験台の上に置かれていた。これらの金属は何だろうかと思い，理科の先生に頼んで調べてみることにした。

まず，Xの1辺の長さをはかってみると，1辺が2cmの立方体であることがわかった。質量をはかると63.0gであった。

次に，Yを試験管に入る大きさに小さく切断し，塩酸を入れてみると，$_a$気体を発生して溶けていった。

また，別の試験管にYを入れ，水酸化ナトリウム水溶液を入れてみると，$_b$やはり気体を発生して溶けていった。

金属名	1cm³ あたりの質量〔g〕
銅	8.96
鉄	7.87
アルミニウム	2.70
マグネシウム	1.74

(1) 表を参考にすると，Xは何か。次のア～エから選び，記号で答えよ。(5点)
ア 銅　　　　　　　イ 鉄
ウ アルミニウム　　エ マグネシウム

(2) Yは何か。次のア～エから選び，記号で答えよ。(5点)
ア 銅　　　　　　　イ 鉄
ウ アルミニウム　　エ マグネシウム

(3) 下線部aの気体は何か。次のア～エから選び，記号で答えよ。(5点)
ア 二酸化炭素　　　イ 水素
ウ 酸素　　　　　　エ アンモニア

(4) 下線部bの気体は何か。次のア～エから選び，記号で答えよ。(5点)
ア 二酸化炭素　　　イ 水素
ウ 酸素　　　　　　エ アンモニア

(東京学芸大附高)

2 次の図1のように，水30cm³とエタノール30cm³の混合物をおだやかに加熱したところ，試験管内に液体がたまり始めた。そこで，図2のように出てきた液体を8cm³ずつ順番に6本の試験管①〜⑥に集めた。これについて，あとの問いに答えなさい。(30点)

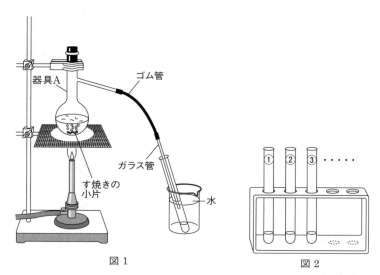

図1

図2

(1) 図1の器具Aの名前を書け。(4点)

(2) この装置の器具Aに温度計をつけたい。どのようにつければよいか，図1の中に温度計をえがけ。また，その理由を簡潔に答えよ。(各3点)

(3) 器具A内のす焼きの小片はどのようなはたらきをするか。簡潔に答えよ。(4点)

(4) 試験管②と⑥にたまった液体に多く含まれる物質は何か。物質名を書け。(各3点)

(5) 試験管②にたまった液体4.5cm³の質量をはかると，3.6gであった。この液体の密度はいくらか。単位をつけて答えよ。(4点)

(6) 次の文は，この実験に関するものである。文中の □ に適当なことばをあてはめよ。(各3点)

この実験のようにいくつかの液体の混合物を □①□ の差を利用して純粋な物質に分離することを □②□ という。

(高知・土佐高)

3 気体発生の実験1～3までを読んで,あとの問いに答えなさい。ただし,文中の試薬A～Fはすべて異なる試薬である。(25点)

【実験1】 室温で試薬AとBを混ぜると気体⑦が発生した。気体⑦に湿った赤色リトマス紙を近づけると青くなった。

【実験2】 室温で試薬CとDを混ぜると気体⑷が発生した。気体⑷の中に火のついた線香を入れると炎をあげて燃えた。

【実験3】 室温で試薬EとFを混ぜると気体⑼が発生した。気体⑼を石灰水に通すと,石灰水が白く濁った。

試薬欄

a 塩化ナトリウム水溶液

b 塩化アンモニウム水溶液

c 過酸化水素水

d 希塩酸

e 水酸化ナトリウム

f 炭酸カルシウム

g 二酸化マンガン

h 鉄

i 硫化鉄

j 硫黄

---

(1) A～Fに該当する試薬を試薬欄のa～jから選び,それぞれ記号で答えよ。ただし,AとB,CとD,EとFはそれぞれ順不同可で,2つとも正しいとき正解とする。(各3点)

(2) 気体⑦の捕集方法を5文字以内で答えよ。また,その捕集方法を選んだ大きな理由を2つ書け。(捕集方法:2点,理由:各4点)

(3) 気体⑦,⑷,⑼の名称を,それぞれ答えよ。(各2点)

(高知学芸高囡)

4 物質が水に溶けるようすを調べるために,次の実験1,2を行った。この実験に関して,あとの問いに答えなさい。ただし,次ページの図は,塩化ナトリウムと硝酸カリウムがそれぞれ100gの水に溶けるときの,水の温度と質量の関係を表したものである。また,異なる物質を同時に同じ水に溶かしても,それぞれの物質の溶ける質量は変わらないものとする。(25点)

【実験1】 20℃の水が10gずつ入っている試験管A, Bがある。試験管Aには塩化ナトリウム5gを, 試験管Bには硝酸カリウム5gを入れ, それぞれの試験管をときどきふり混ぜながら加熱し, ₁水溶液の温度を40℃に保った。

【実験2】 50℃の水が100g入っているビーカーCに, 硝酸カリウム40gと塩化ナトリウム10gを入れ, 50℃に保ちながらかき混ぜたところ, 全部溶けた。その後, ₂ビーカーCの水溶液の温度を50℃からゆっくり下げていくと, 結晶が出はじめた。さらに, 水溶液の温度を20℃まで下げると, 多くの結晶が出てきた。

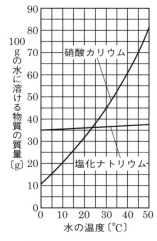

(1) 実験1の下線部1について, 次の①, ②の問いに答えよ。

① このとき, 試験管Aに入れた塩化ナトリウムと, 試験管Bに入れた硝酸カリウムはそれぞれどのようになったか。最も適当なものを, 次から1つ選び, 記号で答えよ。(5点)

ア 塩化ナトリウムと硝酸カリウムは, どちらも全部溶けた。

イ 塩化ナトリウムは全部溶けたが, 硝酸カリウムは少し溶け残った。

ウ 塩化ナトリウムは少し溶け残ったが, 硝酸カリウムは全部溶けた。

エ 塩化ナトリウムと硝酸カリウムは, どちらも少し溶け残った。

② 試験管Bの中の硝酸カリウムの水溶液の質量パーセント濃度は何％か。小数第1位を四捨五入して, 整数で答えよ。(5点)

(2) 実験2の下線部2について, 次の①, ②の問いに答えよ。

① 結晶が出はじめたときの水溶液の温度として最も適当なものを, 次から選び, 記号で答えよ。(5点)

ア 22℃   イ 26℃   ウ 33℃   エ 39℃

② 水溶液の温度を20℃まで下げたときに出てきた結晶には, 塩化ナトリウムは含まれていなかった。その理由を, 「20℃の水100g」という語句を用いて説明せよ。(5点)

(3) 50℃の水50gに硝酸カリウム30gを溶かし, 温度を10℃まで下げたところ, 多くの硝酸カリウムの結晶が出てきた。このときの硝酸カリウムの水溶液の質量パーセント濃度は何％か。小数第1位を四捨五入して, 整数で答えよ。(5点)

(新潟県改)

1 光の性質

解答 別冊 *p.32*

*74 ［光の反射と屈折］ ＜頻出

次の文章を読んで，下の各問いに答えなさい。

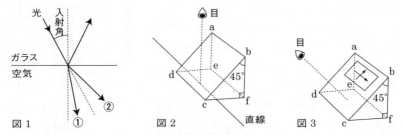

図1　①　　図2　　　　直線　　　図3

I　図1のように，ガラスと空気の境界面に光を当てると，光の一部は境界面で反射し，残りは空気中へ進んだ。

(1)　空気中へ進んだ光の向きは，図中の①，②のうちどちらか。

(2)　(1)のように，光が2つの物質の境界を越えて進むとき，進む向きが変わる現象を何というか。

(3)　図1の光の入射角を大きくすると，空気中へ進む光がなくなり，すべて反射した。この現象を何というか。

II　図2のように，直線を引いた紙の上に，透明な直角ガラスを置き，紙に対して垂直な方向からガラスの中を見た。

(4)　ガラスの下の線から出た光は，ガラスと空気の中をどのように進んで目に入るか。その光のおよその道筋を右上図にかけ。

(5)　ガラスを通して見ると，ガラスの下の線はどの位置に見えるか。右図のおよその位置に線をかけ。

III　次に，図3のように，透明なシートに矢印をかいてabcd面に貼り，abcd面に対して垂直な方向からガラスの中を見た。すると，abfe面とcdef面での(3)の現象により，自分の顔や矢印がうつっていた。

(6)　うつっている矢印の像を，右図にかけ。（大阪教育大附高池田）

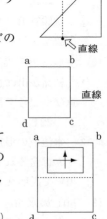

(着眼)

74　光が空気中からガラス中へ入るとき，**入射角＞屈折角**。光がガラス中から空気中へ入るとき，**入射角＜屈折角**。このとき屈折角がある角度より大きくなると全反射する。

$\overset{\star\star}{75}$ [光の反射①]

図1のように、2枚の平らな鏡A, Bを垂直に接合させた。図2は、図1の鏡を鏡A, Bに対して垂直な面で切った断面の図で、点Oは鏡A, Bの接合点である。この鏡の前に物体を置くと、鏡Aおよび鏡Bによる像のほかに、鏡A, Bが組み合わさってできる像が見える。これは物体から出た光が2枚の鏡で反射することによって生じる像である。この像を物体の「第3の像」とよぶことにする。図2の点Sは物体表面にとった点であり、点Sから出て鏡Aとθの角度をつくって入射する光の道すじが描かれている。これについて、次の問いに答えなさい。

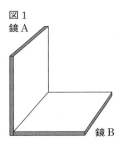

図1
鏡A
鏡B

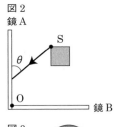

図2
鏡A
S
θ
O
鏡B

(1) $\theta = 60°$の場合、図2の光が鏡Bで反射したときの反射角は何度か。

(2) 図2で、角度θの値を変えても、鏡Bからの反射光は、その道すじに関して単純な特徴をもっている。(1)の結果に基づき、その特徴を述べよ。

(3) (2)の特徴を考えると、図2において、点Oのごく近くに入射してA, B2枚の鏡で反射した光は、入射光とほぼ同じ道すじを逆に進むことがわかる。このことから、点Sの「第3の像」の位置は、直線SOを鏡の奥に延長した直線上にあると推測できる。いま、N君(図3がN君の顔)が図4のように、頭を鏡A側にして鏡A, Bをのぞき込んでいる。上

図3

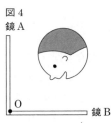

図4
鏡A
O
鏡B

記の推測に基づき、N君が見る自分の顔の「第3の像」として最も適切なものを、次から1つ選び、記号で答えよ。

ア
鏡A

鏡B

イ
鏡A

鏡B

ウ
鏡A

鏡B

エ
鏡A

鏡B

(東京・お茶の水女子大附高)

75 「第3の像」をつくる光のうち、はじめに鏡Aで反射した光はその後鏡Bで反射して目に届き、はじめに鏡Bで反射した光はその後鏡Aで反射して目に届く。

★★**76** ［光の反射②］

　図1のような装置を用いると，光の速さを測定することができる。半径 a〔m〕の球面の鏡 $^{(注)}$ の中心と回転鏡の回転の中心 R が一致するように回転鏡を設置する。光Jの道筋になっている部分では球面の鏡は図1のように切断されていて，光が球面の鏡の中心に入るようにしてある。

　回転鏡は図1の矢印の向きに回転している。光源からの光（光J）は R で反射したあと，球面の鏡の M で反射し，再び R で反射する。光が RM 間を往復する間に回転鏡が x 度回転すると，光は光源ではなく観測者の向きに進む（光K）。

図1

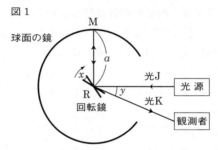

球面の鏡

M

a

x

R
回転鏡

光J

光源

y

光K

観測者

(注) 球面の鏡…半径 a〔m〕の中空の球をつくり，内側を鏡にしたものである。ただし，鏡の厚さは無視する。

⑴　光の速さを c〔m/s〕としたとき，光が RM 間を往復する時間〔s〕を，a，c を用いて表せ。

⑵　回転鏡は1秒あたり 800 回転している。回転鏡が x 度回転するために必要な時間〔s〕を x を用いて表せ。

⑶　半径 a は20m，x の値は 0.04 度であった。光の速さ c〔m/s〕を求めよ。

⑷　次の文章中の（　1　），（　2　）にあてはまる最も適切なものの組み合わせを，表1の**ア～カ**から1つ選び，記号で答えよ。

　図2は，図1の回転鏡の周辺を拡大したものである。入射角と反射角が等しくなることを利用すると，図2の①と同じ角度になるのは（　1　）であり，②と同じ角度になるのは（　2　）である。また，∠CRD＝x を利用すると，y＝$2x$ を導くことができる。実際の実験では x を測定することが困難なので，y を測定することにより x の値を求めることができる。

図2

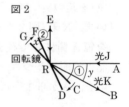

E

F
G
②

回転鏡

R

光J

A

①

y

光K

D

C

B

表1

	（1）	（2）
ア	∠ERG	∠ARB
イ	∠ERG	∠BRC
ウ	∠ERG	∠BRD
エ	∠ERF	∠ARB
オ	∠ERF	∠BRC
カ	∠ERF	∠BRD

難(5) 回転鏡が図3の状態のとき，光源からの光がRで反射し，球面の鏡で反射し，再び回転鏡で反射してPに達した。回転鏡が図3に対し90度回転

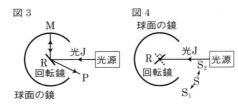

図3

図4

した図4のような状態で光源からの光がRで反射した場合，Rと球面の鏡の間を往復したあとの光は図3との場合と比べて，どのようになるか。最も適切なものを次のア～カから1つ選び，記号で答えよ。ただし，回転鏡の回転の速さは常に同じであり，図3のPと図4のSは同じ位置とする。

ア　Sに達する。　　　　　　　　イ　Sに対して180度ずれる。

ウ　S_1のほうに90度ずれる。　　エ　S_2のほうに90度ずれる。

オ　S_1のほうに45度ずれる。　　カ　S_2のほうに45度ずれる。

（千葉・東邦大付東邦高）

＊**77** ［光の屈折①］ **＜頻出**

厚いガラス越しに物体を見ると，位置がずれて見えることがある。鉛筆を机の上に鉛直に立て，下図のようにガラス板越しに観察する実験を行った。これについて，あとの問いに答えなさい。

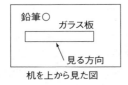

机を上から見た図

ア

イ　　　　　　　　　ウ

(1) ガラス板越しに見た鉛筆はどのように見えるか。上のア～ウから適切なものを1つ選び，記号で答えよ。

(2) (1)のように見えることを説明するため，鉛筆からの光が進む道すじを右の方眼上に作図せよ。

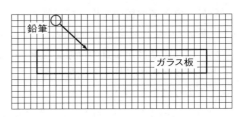

（東京・筑波大附高）

着眼

76 回転鏡がx度回転すると，MからRに戻ってきた光の反射角は$2x$度大きくなる。したがって，$y=2x$となる。

77 (2)で，鉛筆からの光の道すじを作図して，ガラスを通して見た鉛筆がどこにあるように見えるのかを考えると，(1)の答えを導き出すことができる。

★★**78** ［光の屈折②］

図1は，直方体のガラスを机の上に置き，その側面に鉛筆を接して立て，これをガラス越しに見ている図である。

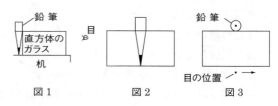

図1　　　　　図2　　　　　図3

また，図2は，このときの鉛筆の見え方を表したものである。

(1) 図1の状態から目の位置を机の面に平行に，図3のようにガラスの側面に沿って右にずらしていくと，鉛筆はどのように見えるか。鉛筆の見え方を表す図として最も適当なものを右図のア〜ウから選べ。

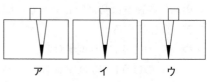

ア　　　　イ　　　　ウ

(2) (1)の現象と最も関係の深い文を下のア〜エから1つ選べ。

　　ア　水の入ったコップに入っているストローが折れ曲がって見える。

　　イ　曲がり角に取りつけられたカーブミラーに対向車が見えた。

　　ウ　光通信や胃や腸の内視鏡として光ファイバーが利用されている。

　　エ　光を利用し，影絵遊びができる。

図4は，図1の直方体のガラスのかわりに三角柱のガラスを机の上に置き，その側面に鉛筆を接して立て，これをガラスを通して見ているようすを真上から見た図である。また，このときの見え方を表したものが図5で，鉛筆の像がはっきり見えた。図4の状態から，目の位置を机の面に平行に，ガラスの側面に沿って右端まで(⇨)ずらしていくと，ガラスの中に見える鉛筆の像は，はっきり見え続けた。次に，図4の状態から目の位置を左端まで(←)ずらしていくと，ガラスの中に見える鉛筆の像はあるところから薄く見えるようになった。

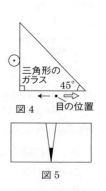

図4

図5

(3) ガラスの中に鉛筆の像がはっきり見える現象を最もよく表している文を(2)のア〜エから1つ選べ。

難▶(4) 下線部のようになる理由を簡潔に述べよ。

（高知学芸高）

78 水中やガラスの中から光が空気中へ出ていこうとするとき，入射角がある角度より大きくなると境界面で光がすべて反射する。このような現象を**全反射**という。

★★79 ［光の性質］

　水中から出た光が空気中に出ていく場合，入射角がある角度(臨界角という)より大きくなると，屈折して空気中へ出ていく光がなくなりすべて反射するようになる。これについて，次の問いに答えなさい。

(1)　この現象を何というか。

(2)　この現象を利用して，水面から深さ 10cm のところに沈めた小さな電球を空気中のどこから見ても見えないようにするために，水面にできるだけ面積の小さい薄い板を浮かせる。その板の形および面積を求めよ。ただし，臨界角を 45 度とし，電球の大きさは考えないものとする。必要なら，π＝3.14 を用いよ。

（愛媛・愛光高）

★80 ［凸レンズ①］ ＜頻出

　3.0cm の棒の両端に 2 つの白色光源 A，B を配置した光源装置がある。A から 2.0cm(B から 1.0cm)の位置を光源装置の原点とし，原点を凸レンズ(焦点距離 9.0cm)の光軸(凸レンズの中心を通る対称軸)に一致させて，光軸に垂直に棒を立てた。下の文のあとに続く各問いに答えなさい。ただし，光源装置の棒は常に光軸に垂直であり，白色光源は点として扱ってよい。

【文】　右図のように，光源装
置を凸レンズの前方に固定
し，凸レンズの後方にある
スクリーン(光軸に垂直に
立てた平面)に像を結ぶよ

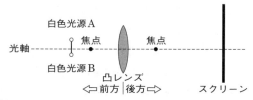

うに，スクリーンの位置を調節した。このとき，スクリーンにできた像は，(①)の(②)である。

　いま，光源装置を凸レンズの前方 12.0cm の位置に固定すると，像を結ぶスクリーンの位置は，凸レンズの後方(X)cm となる。このとき，スクリーン上にできる A，B の像の間隔は，(Y)cm となる。

　次に，この位置から，光源装置を光軸に沿って凸レンズへ少しずつ近づけると，像を結ぶスクリーンの位置は(③)へ移動し，像は少しずつ(④)なるが，さらに光源装置を凸レンズへ近づけると，やがて像は結ばなくなる。

(1)　文中の(①)～(④)に入る適当な語をそれぞれ選べ。
　　① ア　正立　　イ　倒立　　　② ア　実像　　イ　虚像
　　③ ア　前方　　イ　後方　　　④ ア　大きく　　イ　小さく

(2)　文中の(X)，(Y)に入る適当な数値を答えよ。

（東京・筑波大附駒場高）

*81 [凸レンズ②] ◀頻出

図1は，凸レンズによる像のできかたを調べる実験装置を模式的に示したものである。電球の隣に，図2のような十字形のスリットのついた物体を置き，スリットを通った光を凸レンズで集め，スクリーンにはっきりした像ができるように，物体と凸レンズの距離や凸レンズとスクリーンの距離を調整した。これについて，次の問いに答えなさい。

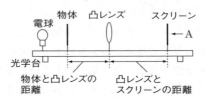

図1

図2

(1) 図3は，物体と凸レンズの距離を横軸に，凸レンズとスクリーンの距離を縦軸にしたときの実験結果をグラフにしたものである。凸レンズの焦点距離は何cmか。

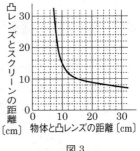

図3

(2) 物体と凸レンズの距離をしだいに長くしていった。スクリーンにはっきりした像ができるときの凸レンズとスクリーンの距離はどのようになるか。最も適当なものを，次のア～オから1つ選び，記号で答えよ。

ア　0cmに近づいていく。　　イ　焦点距離に近づいていく。

ウ　焦点距離の2倍の距離に近づいていく。

エ　焦点距離に近づいたあと，しだいに長くなっていく。

オ　焦点距離の2倍の距離になったあと，しだいに長くなっていく。

(3) スクリーンにはっきりした像ができたときについて，次の①，②に答えよ。

① 図1中のAの方向からスクリーンを見たとき，どのような像が観察できたか。右のア～エから選べ。

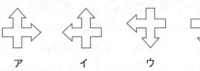

ア　　　イ　　　ウ　　　エ

② 図4のように，厚紙を凸レンズの上半分にあてて凸レンズにあたる光の一部をさえぎった。像の位置，像の大きさ，像の明るさ，像の形は光をさえぎる前と比べてどのようになるか。それぞれについて，次のア～ウから最も適当なものを選べ。

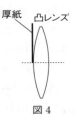

図4

	ア	イ	ウ
像の位置	凸レンズに近づく	変わらない	凸レンズから遠ざかる
像の大きさ	大きくなる	変わらない	小さくなる
像の明るさ	明るくなる	変わらない	暗くなる
像の形	上半分が消える	変わらない	下半分が消える

(4) 図5は，凸レンズを通る
光の進み方の一部を示した
ものである。図中の凸レン
ズの軸上にある点「・」は，
凸レンズの焦点の位置を示

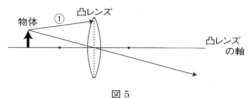

図5

している。物体の先端から凸レンズの中心に入った光はそのまま直進する。
①で示した光はレンズを通過後，どのような道筋を通るか。図に実線(——)
でかき入れよ。このとき，作図に用いた補助線は点線(- - - -)で残すこと。

(広島大附高)

82 [凸レンズ③]

焦点距離 12cm の凸レンズがある。レンズの軸上の，レンズから 20cm のと
ころに物体を置くと，レンズの反対側 30cm のところに像ができた。

(1) 物体をレンズの左側 20cm のところに置
き，レンズの右側 25cm のところに右図のよ
うにレンズと平行な向きに鏡を置くと，レン
ズの右側と左側の 2 か所に像ができた。

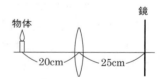

① レンズの右側の像はレンズから何 cm 離れているか。

② レンズの左側の像はレンズから何 cm 離れているか。

(2) 図の鏡をレンズから 20cm のところまで近づける。

① レンズの右側の像の位置は何 cm 動くか。

② レンズの左側の像はどうなるか。次のア～カから選んで記号で答えよ。

ア レンズに近づく。　　　　　イ レンズから離れる。

ウ レンズから離れてなくなる。　エ レンズに近づいてなくなる。

オ 位置は変わらず大きくなる。　カ 位置は変わらず小さくなる。

(長崎・青雲高)

着眼
81 物体が焦点距離の2倍の距離の位置にあるとき，反対側の焦点距離の2倍の距離
の位置に物体と同じ大きさの実像ができる。

★★83 ［凸レンズ④］

次の文章を読み，あとの問いに答えなさい。

図1のように，薄い凸レンズから物体(AB)までの距離を a，凸レンズから実像(A′B′)ができる点までの距離を b，凸レンズから焦点までの距離(焦点距離)を f とし，凸レンズの中心を O，後方の焦点を F とする。

また，物体の A から O′ に向かう光は，凸レンズの軸(光軸)に平行である。

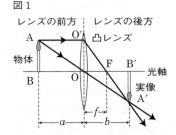

図1

(1) 物体の大きさ AB に対する像の大きさ A′B′ の割合を倍率という。図1において三角形 ABO と三角形 A′B′O は相似(形が同じ図のこと)の関係である。実像の倍率を a と b で表すとどうなるか。次から選び，記号で答えよ。
　ア　$a÷(a+b)$　　イ　$b÷(a+b)$　　ウ　$a÷b$　　エ　$b÷a$

(2) 三角形 O′OF と三角形 A′B′F は相似の関係であり，また，O′O＝AB なので，A′B′：AB＝B′F：OF が成り立つ。これを b と f を用いて表すと，A′B′：AB＝ □x□ となる。□x□ にあてはまる式として最も適当なものを，次から選び，記号で答えよ。
　ア　$(b+f):f$　　イ　$f:(b+f)$　　ウ　$(b-f):f$　　エ　$f:(b-f)$

ここで，(2)の A′B′：AB＝□x□ の式を A′B′÷AB とすると倍率を表すので，この式と(1)の倍率の式を等しいとおいて，整理すると次の関係式①が得られる。レンズによって焦点距離は決まっているので，この①式にレンズから物体までの距離 a を代入するとレンズからスクリーンにうつる実像までの距離 b を求めることができる。

$$(a+b)×f=a×b　……①$$

(3) 物体をレンズの前方，距離 $2×f$ の位置に置いた。実像がうつるためにはレンズの後方，どれだけの距離にスクリーンを置けばよいか。上の①式を用いて，次から最も適切なものを選び，記号で答えよ。
　ア　$\frac{1}{2}×f$　　イ　f　　ウ　$2×f$　　エ　$3×f$

(4) 焦点距離 $f＝6$〔cm〕の凸レンズの前方，距離 $a＝9$〔cm〕の位置に物体を置いた。レンズの後方に置いたスクリーンに実像ができているとき，この実像の倍率は何倍になるか。

(5) (4)と同じ凸レンズを用いて，レンズの前方，距離 $a＝4$〔cm〕の位置に物体を置いた。このときできる像を何というか。

（千葉・東邦大付東邦高）

✦✦*84* ［凸レンズ⑤］

『光線逆進の原理』という考え方がある。光線を進行方向に垂直な平面に当てたとき反射光線が入射経路を逆進して戻っていくという考え方である。

これは，図1に示すように，一様な物質中を直進する光，境界面で反射した光，境界面で屈折した光のいずれに対しても適用でき，レンズの屈折にも用いることができる。

図1

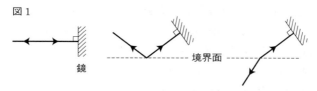

境界面

鏡

たとえば，凸レンズの軸に平行に入射した光は屈折後に焦点を通るが，この光を逆進させると焦点を通ってからレンズに入射し，屈折後は軸に平行に進む。

図2のように，光学台を用いて光源とスクリーンにくっきりと映る凸レンズによる像の距離の関係を調べると，下の表のような結果を得た。あとの問いに答えなさい。

図2

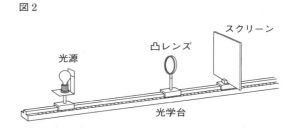

スクリーン

凸レンズ

光源

光学台

光源とレンズの距離〔cm〕	16	18	20	24
スクリーンとレンズの距離〔cm〕	48	36	30	24

(1) この凸レンズの焦点距離は何cmか。

(2) 光源とこの凸レンズの距離を30cmとしたとき，像がくっきりとうつるスクリーンとレンズの距離は何cmか。

もう1枚同じ凸レンズを用意し，光源と1枚目の凸レンズの距離を24cmとして2枚目の凸レンズを1枚目の凸レンズの後方（光源と反対側）4cmのところに置くと，2枚目の凸レンズの後方7.5cmのところに置いたスクリーンにくっきりとした像がうつった。

🔴(3) 凸レンズを1枚だけ用い，光源をレンズの前方7.5cmに置いたとき，どのような像が得られるか。レンズに対する，像の位置（前方か後方か），レンズと像の距離（何cmのところに），どんな向き（正立か倒立か），どんな種類の像（実像か虚像か）が得られるか，「後方24cmに倒立実像」のように答えよ。

（鹿児島・ラ・サール高）

☆☆*85* [虹]

光の反射や屈折と虹の見え方に関する次の問いに答えなさい。

(1) 図1は底に鏡を置いた水槽に水を入れた
ものである。水中にある光源から出た光の道
筋として正しいものを選べ。

図1

(2) 図2は球形の水滴の中心を通る断面図で,
ある色の光が水滴で1回反射した光の進み
方を表したものである。屈折や反射の境界は
厳密には曲がっているが, 拡大すると境界は
円の接線と考えてよい。a〜dはそれぞれ角
の大きさを表している。次の式の空欄(い)〜
(に)には, 等号(＝)または不等号(＜, ＞)が
入る。適当なものをそれぞれ答えよ。

a (い) b , b (ろ) c
c (は) d , a (に) d

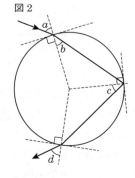
図2

図3は, 白色光が空気中から水中に向かっ
て進むときの光の屈折のようすを表したもので
ある。これから, 白色光は様々な色の光を含ん
でいて, 色により屈折角が違うことがわかる。

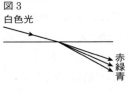
図3
白色光
赤
緑
青

(3) 図4は, 白色光が球形の水滴で1回だけ
反射したときの光の進み方を表したものであ
る。①〜③の色の組み合わせとして正しいも
のを選べ。

	ア	イ	ウ	エ	オ	カ
①	赤	赤	緑	緑	青	青
②	緑	青	赤	青	赤	緑
③	青	緑	青	赤	緑	赤

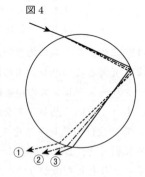
図4

着眼
85 (1)(2)光が空気中からガラス中または水中に進むときは, 「入射角＞屈折角」となり,
ガラス中や水中から空気中へ進むときは, 「入射角＜屈折角」となる。また, 光が
反射するときは「入射角＝反射角」となる。

　虹は図5のように2つ見えることもあり，水平面に近いほうから主虹，副虹とよばれる。これらは，図6のように空気中に浮かんだ多くの水滴に太陽光(様々な色を含む白色光)が入り，屈折や反射をくり返し様々な色の光に分けられたものが同時に見えたものである。

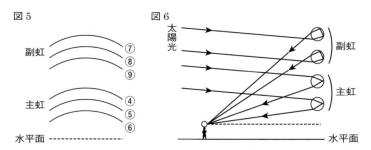

図5　　　　　　　　　　図6

　主虹は図7のように水滴で1回反射し，副虹は図8のように水滴で2回反射して地上に届く。ただし，図7および図8は太陽光に含まれるある色の光が虹を見る人まで到達するようすを描いており，e, fは水平面から見上げる角度を表す。

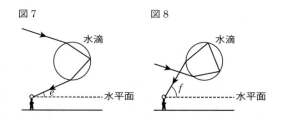

図7　　　　　　　図8

(4)　eおよびfは光の色によって変化する。赤色の光と青色の光のうち，角度が大きいのはそれぞれどちらの光か。

(5)　図5において，主虹および副虹の見え方をそれぞれ選べ。

主虹

	ア	イ	ウ	エ	オ	カ
④	赤	赤	緑	緑	青	青
⑤	緑	青	赤	青	赤	緑
⑥	青	緑	青	赤	緑	赤

副虹

	ア	イ	ウ	エ	オ	カ
⑦	赤	赤	緑	緑	青	青
⑧	緑	青	赤	青	赤	緑
⑨	青	緑	青	赤	緑	赤

(鹿児島・ラ・サール高)

着眼

85 (4)(5)図3より，赤色は最も屈折しづらく，青色は最も屈折しやすい。また，図4より，①の色の光が主虹の中の最も下(低い所)に見え，③の色の光が主虹の最も上(高い所)に見える。

2 音の性質

解答 別冊 p.38

*86 [モノコードの音の高さと大きさ] ＜頻出

花子さんは，はじかれた弦の出す音の高さ，大きさがどのように決まるかを調べるために，同じ材質のいろいろな弦を用意して，モノコードをつくり，指ではじいてみた。それぞれの弦の長さ，太さ，張る強さと，弦Aに対する振動数の比は下の表のようになった。これについて，あとの問いに答えなさい。

弦	長さ〔cm〕	太さ〔mm〕	張る強さ〔N〕	弦Aに対する振動数の比
A	30	0.12	140	1
B	15	0.12	140	2
C	30	0.24	140	$\frac{1}{2}$
D	30	0.12	120	$\frac{1}{2}$〜1の間
E	ア	0.06	140	4
F	60	イ	140	$\frac{1}{4}$
G	60	ウ	140	1
H	30	0.12	160	

(1) 表中のア〜ウに入る値を答えよ。

(2) 弦Aをはじいて，コンピュータを用いて音の波形を表示したところ，右の図のようになった。この図で，横軸は時間を示している。Hの弦をAよりも強くはじくと，音の波形はどのように示されるか。おおよその形をかきこめ。

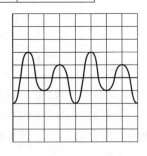

(京都・同志社高)

**87 [モノコードから出る音の音波]

音は物体が振動することによって発生し，物体のまわりの空気が振動を次々と伝えることによって周囲へと広がっていく。

図1はモノコードとよばれる実験装置の弦をはじいたときの音をマイクロホンで拾い，コンピュータの画面に波形として表示させたものである。次の問いに答えなさい。

図1

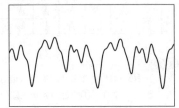

⑴ 次の文中の（ ① ）〜（ ③ ）にあてはまる語句を答えよ。

> 物体が1秒間に振動する回数を振動数といい，（ ① ）（記号 Hz）という単位で表す。モノコードのはじく部分の弦を（ ② ）く張るほど，弦をはじいたときの振動数は多くなり，音は（ ③ ）く聞こえる。

図1のような複雑な波形の音には，最も少ない振動数を f〔Hz〕として，$2f$〔Hz〕，$3f$〔Hz〕，$4f$〔Hz〕，$5f$〔Hz〕…と表される多くの振動数の音が含まれている。弦の長さだけを変えて，弦をはじいたときの音に含まれる最も少ない振動数を調べる実験を行ったときの実験結果を表1に示す。

表1

弦の長さ〔cm〕	振動数〔Hz〕
20.0	810
25.0	（ ④ ）
30.0	540
（ ⑤ ）	450
45.0	360

⑵ 表1中の空欄（ ④ ），（ ⑤ ）にあてはまる数値を答えよ。

⑶ 長さ30.0cm，（ ⑤ ）cm，45.0cmのそれぞれの弦をはじいたときに生じる3つの音に共通して含まれる振動数のうち，最も少ない振動数は何 Hz か。

（大阪教育大附高池田）

★★88 ［音の速さと高さ］

図のように，壁から86m離れたところにA君が立って，太鼓をたたくと，直接音（たたいた瞬間に聞こえる音）が聞こえた少しあとに，反射音（壁に当たって反射してきた音）が聞こえた。連続して太鼓をたたき，その間隔を少しずつ短くしていくと，1秒間隔で太鼓をたたいたときにはじめて，直接音，反射音，直接音，反射音，…と，直接音と反射音が等間隔になって交互に聞こえた。

⑴ この実験のとき，空気中を伝わる音の速さは何 m/s か。

⑵ A君がはじめに持っていた太鼓から別の太鼓に持ちかえてたたいたところ，音の高さが変わって聞こえた。これは，音の波の何が変わったのか，漢字で答えよ。

（愛知・中京大附中京高改）

着眼

86 AとDの比較から，弦を張る強さを大きくするほど振動数が多くなることがわかる（正確な数値はわからないので，AとDの比較からおおよその作図をする）。

87 ⑶それぞれの最も少ない振動数の最小公倍数となる。

88 直接音の0.5秒後に反射音が聞こえるということである。

☆☆*89* ［ドップラー効果①］

　静止している A 君に自動車 B が 20m/s の速さで近づいている。自動車 B が 5.0 秒間クラクションを鳴らし続けると，A 君にはこのクラクションが何秒間聞こえるか。音速は 340m/s で，風はないものとする。

ア　3.6 秒間　　　イ　4.0 秒間　　　ウ　4.2 秒間

エ　4.5 秒間　　　オ　4.7 秒間

（長崎・青雲高）

☆*90* ［音の速さと高さ］

　音に関して，あとの問いに答えなさい。

(1)　ある町で花火大会が行われ，A さんは自分の家から花火を見た。A さんの家から花火が開いた場所までの距離が 1200m のときに，A さんには花火が開くところが見えてから 3.5 秒後に花火の音が聞こえた。この日の空気中を伝わる音の速さとして最も適当なものはどれか。次のア～オから 1 つ選べ。

ア　331m/s　　　イ　340m/s　　　ウ　343m/s

エ　347m/s　　　オ　351m/s

(2)　様々な音をオシロスコープで観察したところ，次の①～④の結果が得られた。これらの音のなかで，最も大きい音，および最も低い音はどれか。その組み合わせとして正しいものを，下のア～カから 1 つ選べ。

①　　　　　　　　　②　　　　　　　　　③　　　　　　　　　④

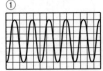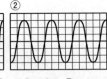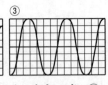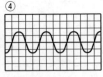

ア　大きい音：①，低い音：④　　　イ　大きい音：②，低い音：②

ウ　大きい音：②，低い音：④　　　エ　大きい音：③，低い音：①

オ　大きい音：③，低い音：③　　　カ　大きい音：④，低い音：①

着眼

　89 5 秒間鳴らした音の波の長さは，自動車が進んだ分だけ短くなることを利用して求める。

図のように台の上に弦を張り，弦の中央をはじくと音が聞こえる。表のように駒Rの位置，おもりの数，弦をはじく強さを変え，聞こえる音の高さや大きさの関係を調べた。

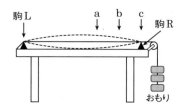

	駒Rの位置	おもりの数	弦をはじく強さ
①	a	1つ	強い
②	a	3つ	弱い
③	a	3つ	強い
④	b	3つ	強い

(3) 弦の長さと聞こえる音の関係を調べることができる組み合わせとして正しいものはどれか。次のア～カから1つ選べ。

ア ①と②　　イ ①と③　　ウ ①と④
エ ②と③　　オ ②と④　　カ ③と④

(4) 同じ高さの音が聞こえる組み合わせとして正しいものはどれか。次のア～カから1つ選べ。

ア ①と②　　イ ①と③　　ウ ①と④
エ ②と③　　オ ②と④　　カ ③と④

(5) 最も高い音が聞こえる駒Rの位置とおもりの数の組み合わせはどれか。次のア～カから1つ選べ。

ア 駒Rの位置：a，おもりの数：1つ

イ 駒Rの位置：a，おもりの数：3つ

ウ 駒Rの位置：b，おもりの数：1つ

エ 駒Rの位置：b，おもりの数：3つ

オ 駒Rの位置：c，おもりの数：1つ

カ 駒Rの位置：c，おもりの数：3つ

(三重・高田高)

着眼
90 (3)調べたいこと以外の条件は，すべて同じものどうしを比較する。
　　(4)弦の音の高さに関係するのは，弦の長さと弦の太さと張りの強さである。

★★91 ［音の速さ］

次の(1), (2)について，下の問いに答えなさい。

(1) 図1のような位置関係で，Aさんの100m
走のタイムをストップウォッチで測定したと
ころ，12.2秒だった。ところが，ゴール地点
でタイムを測ったBさんは，スタート地点で

図1

Cさんがピストルを鳴らした際，本来ならピストルから出た煙を見てストッ
プウォッチを押さなければならないところを，ピストルの音を聞いて押した
ためにタイムは正確に測定されていない。

① Aさんの正確なタイムは何秒だったのか。BさんとCさんの距離は
102mで，音速は340m/sとし，体の反応時間は考慮しない。

② ①より，Aさんの100m走の平均の速さは何m/sか。また何km/hか。

(2) 船Aが一度汽笛を鳴らし
たとき，船Bに乗っている
人は二度汽笛を聞く。音速
を340m/sとして，あとの①,
②の場合について，それぞ
れ船Aと岸壁との距離を求
めよ。

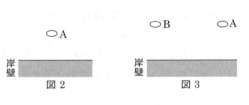

① 図2のように船AとBが停泊しているとき，船Aが汽笛を鳴らしてから，
4秒後と8秒後に船Bに乗っている人は汽笛を聞いた。

② 図3のように船AとBが停泊している（AとBの岸壁からの距離は同じ）
とき，船Aが汽笛を鳴らしてから，6秒後と10秒後に船Bに乗っている
人は汽笛を聞いた。

(愛媛・愛光高)

★★★92 ［ドップラー効果②］

東に向かって秒速30mで動いているA君が，1分間に60回の割合で太鼓
をたたいている。A君の西側で静止しているB君には，太鼓の音が1分間に
何回の割合で聞こえてくるか。次のア～オから適当なものを1つ選んで，記
号で答えなさい。ただし，音速を秒速330mとする。

　ア　55回　　　イ　57回　　　ウ　60回　　　エ　63回　　　オ　66回

(長崎・青雲高)

★93 ［音の波形］ ◀頻出

重さの異なる物体Xと物体Yを用いて，次のような実験を行った。これについて，下の問いに答えなさい。

【実験】 図1のように，かごに物体をのせて，弦を張る装置がある。この弦をはじいたときに聞こえる音の波形をオシロスコープで観察した。

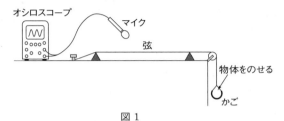

図1

次の文章は実験を行った生徒の実験レポートである。

かごに物体Xをのせたときと物体Yをのせたときでは，弦をはじいたときにオシロスコープに表示される波形にどのような違いがあるか調べた。

何回か実験をくり返したところ，図2の長さxは，物体Xをのせたときのほうが必ず短くなった。図2の長さyについては，物体Xと物体Yのどちらをのせたほうが長いかという規則性は見つからなかった。

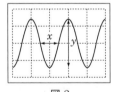

図2

---

(1) 実験レポート中の下線部のことから，物体Xをのせたときは物体Yをのせたときに比べて，聞こえる音にどのような違いがあったのか，簡潔に書け。

(2) 実験レポートを読んで予想できることを，次のア～エから1つ選べ。

ア 物体Xは物体Yよりも軽い。

イ 物体Xは物体Yよりも重い。

ウ かごに物体Xをのせたときのほうが，物体Yをのせたときに比べて，弦を弱くはじいた。

エ かごに物体Xをのせたときのほうが，物体Yをのせたときに比べて，弦を強くはじいた。

(東京・筑波大附高)

着眼
> **91** (1)ピストルが鳴った瞬間に煙は見えるが，音は少し遅れて聞こえる。
> **92** 音源がB君から遠ざかっているので，1回目より遠い所で2回目の音が出る。
> **93** 音の強さは振幅によって決定され，音の高さは振動数によって決定する。また，波長が短いほど振動数は多くなる。

$\overset{\star\star}{94}$ ［音　波］

音波について，あとの問いに答えなさい。

I　図1のおんさの上端Pをたたいて，その振動をオシロスコープで観測したところ，図2のような波形が得られた。図2の縦軸は空気の密度，横軸は時間を表し，横軸1目盛りの間隔は，0.001秒である。

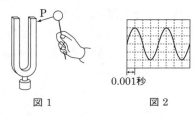

図1　　　　　　図2

0.001秒

(1)　このおんさから発生した音の振動数は何 Hz か。

(2)　このおんさの上端Pを弱くたたいたとき，オシロスコープで得られる波
形は，右のア〜エのどれになると考えられるか。右から1つ選び記号で答えよ。

ア　　　　　イ　　　　　ウ　　　　　エ

II　ギターに使われている同じ材質のいろいろな太さの弦を用いて，図3のような装置をつくり，くぎとフレットの中央をはじいて弦を

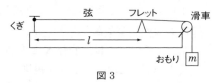

図3

振動させ，発生する音をオシロスコープで観測した。下表は，このときの弦の断面積 S，長さ l，おもりの質量 m，音の振動数 f の関係を表したものである。

回	1	2	3	4	5	6	7
弦の断面積 S〔mm²〕	0.02	0.02	0.02	0.08	①	0.01	0.06
弦の長さ l〔cm〕	60	60	30	30	60	②	80
おもりの質量 m〔g〕	600	150	150	600	600	300	200
振動数 f〔Hz〕	480	240	480	480	240	720	③

(3)　表の①〜③に入る適当な数値を答えよ。

(4)　f は S，l，m および比例定数 k を用いて，どのように表されるか。次から選び，記号で答えよ。

ア　$f = \dfrac{k}{l}(Sm)^2$　　イ　$f = \dfrac{k}{l}\sqrt{Sm}$　　ウ　$f = kl\left(\dfrac{S}{m}\right)^2$

エ　$f = kl\sqrt{\dfrac{S}{m}}$　　オ　$f = \dfrac{k}{l}\left(\dfrac{m}{S}\right)^2$　　カ　$f = \dfrac{k}{l}\sqrt{\dfrac{m}{S}}$

III　空気が音を伝えるのは，物体の振動で空気が振動し，その振動が周囲へ伝わっていくからである。

(5)　空気中を伝わる音波について正しいものを，次から2つ選び記号で答えよ。

ア　空気は，振動しながら音波の進む方向に進む。

イ　空気の振動方向は，音波の進む方向と同じである。

ウ　空気は，振動しながら波形に沿って進む。

エ　空気の振動方向は，音波の進む方向と垂直である。

オ　空気は，もとの位置を中心にして振動するだけで進まない。

カ　空気の振動方向は，波形に沿った方向と同じである。　（兵庫・甲陽学院高）

★★95 ［ドップラー効果③］

右図のような一直線上で，次の実験を行った。
音の速さを340m/sとして，下の問いに答えな
さい。

【実験1】　図の点Aにスピーカーを置き，時刻 $t=0$〔s〕から時刻 $t=2$〔s〕まで音を鳴らした。この音を点Oにあるマイクにつないだオシロスコープで観察すると，時刻 $t=4$〔s〕から $t=6$〔s〕まで音波の波形を観測できた。

(1)　点Aから点Oまでの距離は何mか。

(2)　観測された音波の振動は，760回であった。スピーカーから出た音の振動は，1秒あたり何回であったか。

【実験2】　次にスピーカーを台車にのせ，点Aの左から速さ17m/sで点Oに向かって動かした。スピーカーが点Aを通過した瞬間を時刻 $t=0$〔s〕とし，この瞬間から時刻 $t=2$〔s〕まで音を鳴らした。この音を実験1と同じように点Oで観測すると，時刻 $t=4$〔s〕から $t=t_X$〔s〕まで音波の波形を観測することができた。音波が最初に点Oに届いた時刻が実験1のときと同じ $t=4$〔s〕であったことから，スピーカーが動いていても，音が伝わる速さには影響しないことがわかる。

(3)　スピーカーが音を鳴らし終えた瞬間の位置を点Bとすると，AB間の距離はいくらか。

(4)　BO間の距離を t_X を用いて表せ。

(5)　(1), (3), (4)の結果から t_X を求めよ。

(6)　この間に観測された音波の振動は，やはり760回であった。点Oで観測された音の1秒あたりの振動数はいくらか。　（大阪・近畿大附高）

着眼

94 (3)表の1と2の比較により m と f の関係が，2と3の比較により l と f の関係がわかる。さらに，1の l が30のときの f を求めて4と比較すると，S と f の関係がわかる。

★★96 ［ドップラー効果④］

難　次の音の伝わり方についての文章を読んで，（　①　）～（　④　）に適する式をあとのア～コから選び，記号で答えなさい。

　そばを通り過ぎていく救急車が鳴らすサイレンは，救急車が近づいてくるときと，遠ざかっていくときで，音の高さが違って聞こえる。このような現象について考えてみよう。

　救急車が一定の速さ20 m/s で，静止しているＡさんに近づきながら，T〔s〕の間サイレンを鳴らす場合

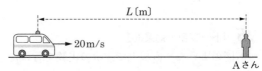

を考える。音が伝わる速さは340m/s とする。なお，音が伝わる速さは，救急車の速さに関係なく一定である。また，上の図に示すように，最初のサイレンを鳴らした位置とＡさんの間の距離はL〔m〕であり，$L > 340T$ とする。

　救急車が鳴らしたサイレンの最初の音がＡさんに伝わるのにかかる時間は（　①　）〔s〕である。また，救急車が T〔s〕の間にＡさんに近づいた距離は（　②　）〔m〕であるから，サイレンから出た最後の音が，Ａさんに伝わるのにかかる時間は（　③　）〔s〕である。したがって，Ａさんがサイレンの音を聞く時間は（　④　）〔s〕となる。

　このように，救急車が近づいてくるときには，サイレンを鳴らしている時間よりも，Ａさんがサイレンの音を聞く時間のほうが短くなる。このことが原因で，近づいてくる救急車の鳴らすサイレンの音がより高く聞こえるのである。

ア　$\dfrac{L}{340}$　　　　イ　$\dfrac{L}{20}$　　　　ウ　$340T$　　　　エ　$20T$

オ　$\dfrac{L-20T}{340}$　　カ　$\dfrac{L-340T}{340}$　　キ　$\dfrac{L-340T}{20}$　　ク　$\dfrac{L-20T}{20}$

ケ　$\dfrac{17}{18}T$　　　コ　$\dfrac{16}{17}T$

（大阪・清風高）

★★97 ［気温と音の速さ］

　音の速さに関する次の問いに答えなさい。ただし，必要なら四捨五入を行うこと。

(1)　気温14℃の屋外で，Ａ君とＢ君が136m 離れた位置に立ってＡ君が持っていた太鼓を短く鳴らすと，Ｂ君はＡ君が太鼓を鳴らしてから 0.4 秒後に太鼓の音を聞いた。このとき，音速（音が空気中を伝わる速さ）は何 m/s か。整数で答えよ。

(2)　気温 24℃ の屋外で，A 君と B 君が 173m 離れた位置に立って A 君が太鼓を短く鳴らすと，B 君は A 君が太鼓を鳴らしてから 0.5 秒後に太鼓の音を聞いた。このときの音速は何 m/s か。整数で答えよ。

(3)　音速は気温が上がるごとに一定の割合で増加する。(1)，(2)の結果から，気温が 1℃ 上昇すると音速は何 m/s 増加するといえるか。 小数第 1 位まで答えよ。

(4)　次のア〜エを，速さの大きい順に記号で答えよ。

　　ア　空気中の音　　　　イ　国内線の旅客機
　　ウ　光　　　　　　　　エ　地球の自転(赤道付近)

(5)　気温 19℃ の屋外で，右の図のように A 君と B 君が校舎に向かって立ち，A 君が持っていた太鼓を短く鳴らすと，B 君は太鼓から直接届く音と校舎で反射されて届く音をそれぞれ聞いたが，反射音は太鼓を鳴らしてから 1.6 秒後に聞こえた。A 君が校舎から 300m の位置に立っていた場合，B 君は校舎から何 m の位置にいたことになるか。整数で答えよ。

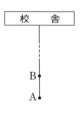

(6)　気温 14℃ の屋外で，太鼓を持った A 君が右の図のように校舎から 343m 離れて立って，校舎に向かって一定の速さで進み始めた。進み始めた瞬間に 1 回目の太鼓を鳴らし，1 秒ごとに太鼓を短く鳴らすと，1 回目に鳴らした音の反射音が 3 回目に太鼓を鳴らす瞬間に聞こえた。

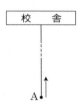

　①　3 回目に太鼓を鳴らす瞬間までに，1 回目に鳴らした太鼓の音は最大で何 m 先まで進むことができるか。整数で答えよ。

　②　A 君が校舎に近づく速さは何 m/s か。整数で答えよ。

(7)　気温 19℃ の屋外で，A 君から B 君に向かって 7m/s の風が吹いていた。A 君と B 君が 420m 離れて立って A 君が持っていた太鼓を短く鳴らすと，B 君は A 君が太鼓を鳴らしてから 1.2 秒後に太鼓の音を聞いた。A 君から B 君に届いた音の速さは何 m/s か。整数で答えよ。

(8)　気温 24℃ の屋外で，A 君から B 君に向かって一定の速さの風が吹いていた。A 君と B 君が 525m 離れて立って A 君が持っていた太鼓を短く鳴らすと，B 君は A 君が太鼓を鳴らしてから 1.5 秒後に太鼓の音を聞いた。A 君から B 君に向かって吹いている風の速さは何 m/s か。整数で答えよ。

(北海道・函館ラ・サール高)

3 力のはたらき

解答 別冊 *p.43*

*98 [ばね①] ＜頻出

2本のばねA, Bがある。ばねに何も力を加えないとき, ばねの長さはどちらも同じであった。

Aに質量100g, 200g, 300gのおもりをつるしたとき, Aの伸びは図1のようであった。ただし, ばねの質量はおもりの質量に比べて非常に小さいので, 無視できるものとする。また, おもりの大きさは大変小さくて, 大きさは無視できるものとする。これについて, 次の問いに答えなさい。

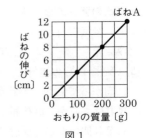

図1

【実験1】 ばねBにおもりをつるして静止させ, B全体の長さをはかったところ, それぞれおもりの質量が100gのとき17cm, 200gのとき19cm, 300gのとき21cmであった。また, A, Bそれぞれのばねを同じ長さまで手で伸ばしたところ, 初めに引いたばねに比べてあとで引いたばねのほうが大きな力が必要だったため, 「あとのばねのほうがかたいばねだな。」と感じた。

(1) あとから引いたばねはA, Bのどちらか。A, Bいずれかの記号とその理由を書け。

(2) ばねBにおもりをつるしたときの伸びを表すグラフを, 図1にかき入れよ。

(3) ばねBにおもりをつるしていないときの長さは何cmか。

【実験2】 図2のように天井からばねAをつるしAに質量100gのおもりCをつり下げ, さらにCの下にばねBをつけて, Bの下端に質量200gのおもりDをつるして静止させた。

(4) Cの位置は天井から何cmか。

(5) Dの位置は天井から何cmか。

(国立高専)

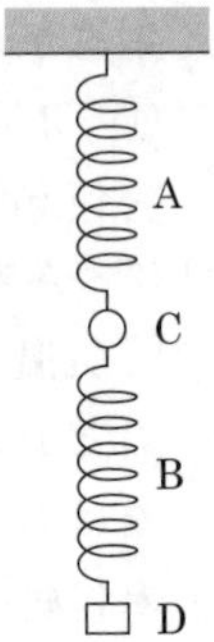

図2

(着眼)

98 原点を通る直線のグラフは比例していることを示す。また, 図2では, ばねBにはおもりDの重さがかかり, ばねAにはおもりCとおもりDの重さがかかる。

[*]**99** [ばね②]

同じ性質のばねA〜Dを使って，図のように同じ重さのおもりをつるしたとき，ばねの長さの関係を正しく表したものはどれか。あとのア〜オから1つ選び，記号で答えなさい。ばねや糸の重さおよび滑車の摩擦は考えない。

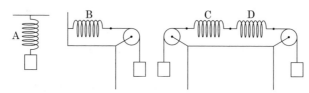

ア　A＝B＝C＝D
イ　A＝B＜C＝D
ウ　A＝B＞C＝D
エ　A＞B＞C＝D
オ　B＞A＞C＝D

（長崎・青雲高）

[*]**100** [ばね③] ◀頻出

50gのおもりをつるすと5.0cm伸びるばねがある（図1）。このばねの一端に70gのおもりをつけた。図2のように，台ばかり（質量をはかる道具）の上にこのおもりを置き，ばねの一端を手で鉛直上方に引き上げ，ばねの伸びを5.0cmにしたところ，台ばかりは20gを示していた。図2について次の各問いに答えなさい。ただし，100gの物体にはたらく重力の大きさを1Nとする。

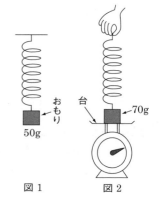

図1　　　図2

(1)　おもりにはたらく重力はおよそ何Nか。

(2)　ばねがおもりを引く力はおよそ何Nか。

(3)　おもりが台ばかりの台を押す力は，およそ何Nか。

(4)　おもりが台ばかりの台から受ける力は，およそ何Nか。

（東京・お茶の水女子大附高）

着眼

100 図2では，ばねがおもりを引く力と台ばかりの台がおもりを押し上げる力の和は，おもりにはたらく重力に等しい。

101 [ばね④]

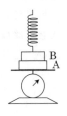

図のように，重さ 200g の物体 A をのせた台ばかりがあり，物体 A の上に，1N の力で 4cm 伸びる軽いばねにつるされた，重さ 400g の物体 B をのせてある。ばねが自然長（伸びが 0）の状態から，ばねの上端をゆっくり真上に引いていくときのばねの伸びと台ばかりの目盛りの値を調べた。次の問いに答えなさい。ただし，100g の物体にかかる重力と等しい力の大きさを 1N とする。

(1) 次の文中の（ ① ）～（ ⑤ ）にあてはまる数値を答えよ。

　　ばねが自然長のとき，台ばかりの目盛りは 600g であるから，台ばかりが物体 A を押す力の大きさは（ ① ）N で，物体 A が物体 B を押す力の大きさは（ ② ）N である。ばねの上端を引き上げていき，ばねの伸びが 4cm のとき，物体 A が物体 B を押す力の大きさは（ ③ ）N で，台ばかりの目盛りは（ ④ ）g である。さらに，ばねの上端を引き上げて，台ばかりの目盛りが 300g になるときのばねの伸びは（ ⑤ ）cm であった。

(2) ばねの伸びと台ばかりの目盛りの関係を右のグラフにかけ。ただし，横軸はばねの伸び，縦軸は台ばかりの目盛りとする。

（北海道・函館ラ・サール高改）

102 [力の表し方]

2400kg の荷物をひもにつるして持ち上げた。右図は，そのときのようすを模式的に表したものである。このとき，荷物にはどのような力がはたらいているか。荷物にはたらく力をすべて，右図に矢印で表しなさい。ただし，質量 100g の物体にはたらく重力を 1N とし，図の方眼の 1 目盛りの長さは，4000N の力の大きさを表すものとする。

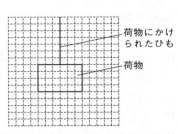

（広島大附高）

★★*103* ［重力・抗力・磁力］

物体にはたらく力について，あとの各問いに答えなさい。ただし，図に示されている物体はすべて静止しており，重力は「地球」がおよぼしている力，磁力は「棒磁石」がおよぼしている力として考えなさい。

(1) 図1のように，重さの等しい3冊の本A，B，Cを水平な机の上に重ねて置く。このとき，間にはさまれた本Bに力をおよぼしているすべての物体と，およぼす力の大きさの比を表した最も適当な組み合わせを，1つ選べ。

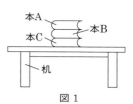

図1

- ア　本A：机＝1：3
- イ　本A：机＝2：3
- ウ　本A：本C＝1：2
- エ　本A：本C＝1：1
- オ　本A：本C：机＝1：2：3
- カ　本A：本C：机＝1：1：3
- キ　本A：本C：地球＝1：1：1
- ク　本A：本C：地球＝1：2：1
- ケ　本A：机：地球＝1：2：1
- コ　本A：机：地球＝1：3：1

🔺(2) 図2のように，スタンドに固定された棒磁石に引かれるクリップがある。このクリップは，重さの無視できる糸と結ばれており，糸の他端はスタンドの土台の部分に固定されている。このクリップに力をおよぼしているすべての物体と，およぼす力の大きさの比を表した組み合わせとして，可能性があると考えられるものを，すべて選べ。

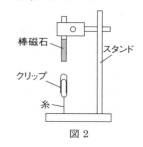

図2

- ア　棒磁石：糸＝1：1
- イ　棒磁石：糸＝1：2
- ウ　棒磁石：糸＝3：1
- エ　棒磁石：地球：糸＝2：1：1
- オ　棒磁石：地球：糸＝1：1：2
- カ　棒磁石：地球：糸＝3：1：2
- キ　棒磁石：地球＝1：1
- ク　棒磁石：地球＝2：1
- ケ　棒磁石：地球＝2：3
- コ　棒磁石：スタンド：糸＝2：1：1
- サ　棒磁石：スタンド：糸＝1：1：2
- シ　棒磁石：スタンド：糸＝3：1：2

(東京・筑波大附駒場高)

着眼
101 ばねの伸びが大きくなるほど，台ばかりが示す値は小さくなっていく。
102 荷物にはたらく重力の作用点は，荷物の中心とする。
103 図2では，棒磁石がクリップを引く力は，クリップにかかる重力と糸がクリップを引く力の和と等しい。

*104 ［2力のつり合い］ ◁頻出

　床の上に置かれた物体を，右からも左からも同じ大きさの力で引いている。このときにはたらいている力を示したのが右図である。

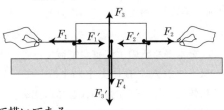

　以下の記述で正しいものには〇，誤っているものには×と答えなさい。ただし，F_1 と $F_1{}'$，F_2 と $F_2{}'$，F_3 と $F_3{}'$ と F_4 はそれぞれ同一線上ではたらくが，図が重なってしまうので，少しずらして描いてある。

(1)　物体にはたらいている力は F_1，$F_1{}'$，F_2，$F_2{}'$，F_3，$F_3{}'$，F_4 である。

(2)　F_1 とつり合う力は $F_1{}'$ である。

(3)　F_3 と $F_3{}'$ が打ち消し合っている。

（東京学芸大附高）

**105 ［ばねと力のつり合い］

　自然の長さ 20cm から 1cm 伸ばすのに 0.3N の大きさの力が必要な軽いばねを用いて次の実験1と実験2を行った。質量 100g の物体にはたらく重力の大きさを 1N としてあとの問いに答えなさい。

【実験1】　図1のようにばねの一端を鉛直な壁にとりつけ，ばねが水平な状態を保つようにばねの他端に力を加えた。

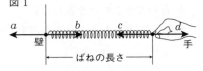

図1

(1)　この実験において，次の①，②それぞれの場合で，図1中の力を表す矢印 $a \sim d$ の力の名称を正しく表しているものをあとのア〜シからそれぞれ1つ選んで記号で答えよ。

①　図1のばねの長さが 15cm の場合

②　図1のばねの長さが 30cm の場合

ア　ばねが壁を押す力	イ　壁がばねを押す力
ウ　壁がばねと手を押す力	エ　ばねが壁を引く力
オ　壁がばねを引く力	カ　壁がばねと手を引く力
キ　手がばねを押す力	ク　ばねが手を押す力
ケ　手がばねと壁を押す力	コ　手がばねを引く力
サ　ばねが手を引く力	シ　手がばねと壁を引く力

【実験2】 図2のようにばねの一端に
質量 200g の物体 P をとりつけ，P を
電子てんびんにのせた。手でばねに力
を加えて長さを変化させ，そのときの
電子てんびんの表示を読んだ。ただし，
図2中の力を表す $a \sim g$ の長さは正
確な力の大きさを表していない。

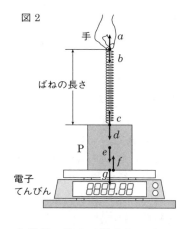

図2

(2) 図2のばねの長さが 15cm であっ
た場合について，次の①，②に答えよ。

① P にはたらく力を，$a \sim g$ からす
べて選んで記号で答えよ。

② a, f の力の大きさはそれぞれ何 N か。小数第 1 位まで答えよ。

(3) 図2で，ばねの長さが 10cm にな
る位置で手を静止させた状態から，手
の位置をゆっくり上方に移動させる。
このときの手を上方に移動させた距離
を横軸に，電子てんびんの表示を縦軸
にとったグラフを右に作成せよ。ただ
し，グラフを描く範囲は横軸の 30cm
までとする。

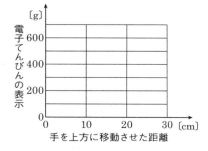

(長崎・青雲高)

着眼

104 (3)打ち消し合うのは，同じ物体にはたらいている力どうしである。

105 (1)①のときは，ばねが押し縮められている。
②のときは，ばねが引き伸ばされている。
(2)①ばねは 20cm から 15cm に押し縮められているので，P には重力のほかに，
ばねが P を押す力と電子てんびんが P を押す力がはたらいている。
②ばねが手を押す力 a は，手がばねを押す力 b と等しい。また，電子てんび
んが P を押す力 f は P が電子てんびんを押す力 g と等しい。

★★106 [ばね・磁力・滑車・てんびん]

次の文を読み，あとの問いに答えなさい。
ただし，この実験で用いたばねは，おもりを
つるしたときに図1のように伸び縮みする
性質のものである。

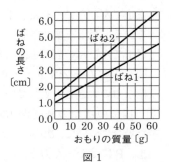

図1

はじめに上皿てんびんの左側に質量が不
明な木片Aを，右側に12.0gの分銅をおい
たところ，てんびんは左側に傾いた。

そこで，分銅だけでは難しいと考え，図2
のように，木片Aを質量の無視できる軽い
糸と結び，軽いばね1，ばね2を滑車を通して取りつけ，ばね2の先に，鉄の
おもりBを取りつけたところ，てんびんはつり合った。このとき，ばね1の
長さは3.2cmであった。

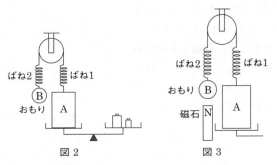

図2   図3

次に，図3のように，鉄のおもりBの下に磁石を近づけたところ，Aは上
皿から離れ，宙に浮いて静止した。

(1) 木片Aの質量を求めよ。

(2) 図3で，ばね2の長さを求めよ。

（京都・同志社高）

★★107 [ばね⑤]

ばねは受ける力の大きさに比例して，伸びたり縮んだりする。ばねXは表1，
ばねYは表2のように，加える力を変えると伸びや縮みが変化する。ばねX，
ばねYに力を加えていないときの長さは，ともに50.0cmとし，重さは考えな
いものとする。また，1Nは100gの物体にはたらく重力の大きさと等しいも
のとする。あとの問いに答えなさい。

表1　ばねXに加えた力と伸び（縮み）の関係

加えた力〔N〕	1	2	3	4	5	6	7	8	9
伸びまたは縮み〔cm〕	2	4	6	8	10	12	14	16	18

表2　ばねYに加えた力と伸び（縮み）の関係

加えた力〔N〕	1	2	3	4	5	6	7	8	9
伸びまたは縮み〔cm〕	3	6	9	12	15	18	21	24	27

※ばねを引っ張った場合は伸びた長さを，押し縮めた場合は縮んだ長さを示している。また，〔N〕はニュートンを表す。

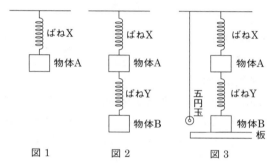

図1　　　　図2　　　　　図3

(1)　図1のように，ばねXと380gの物体Aを取りつけた。ばねXの伸びは何cmか。

(2)　図2のように，物体Aの下にばねYと物体Bを取りつけた。このとき，ばねYは13.8cm伸びた。物体Bの質量は何gか。また，ばねXの伸びは何cmか。

(3)　さらに，図3のように物体Bの下に板を入れて，ばねXとばねYが，常に天井から五円玉をつるした糸と平行になるように板を上，または下にゆっくり動かした。ばねXの全体の長さが次の①～③の長さになったとき，ばねYの全体の長さはそれぞれ何cmか。また，板が物体Bから受ける力の大きさはそれぞれ何Nか。

① 55.2cm

② 57.6cm

③ 60.2cm

（愛知・滝高）

着眼

106 ばね1にかかる力とばね2にかかる力は等しい。また，木片Aの質量は，おもりBの質量と分銅の質量の和に等しい。

107 図1の状態と比べて，(3)の①～③のときは（図3），ばねXがどのくらい縮んでいるのか考える。

<table>
<tr><td>**3**編 **実力テスト**</td><td>時間 **50**分
合格点 **70**点</td><td>得点

/100</td></tr>
</table>

解答 別冊 *p.47*

1 次に示す装置を使って凸レンズによる像が白い厚紙にどのようにうつるか調べる実験をした。すりガラスＡには，電球のほうから見て，ひらがなの「つ」を丸で囲んだ図が描かれている。凸レンズの焦点距離は 8cm である。すりガラスＡに描かれた図の中心は，凸レンズの中心とほぼ同じ高さになるようにしてある。次の問いに答えなさい。(25点)

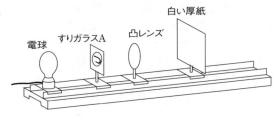

(1) 凸レンズとすりガラスＡの距離が 20cm のとき，白い厚紙を移動させて，像がはっきりとうつる位置を探した。白い厚紙にうつる像の大きさは，すりガラスＡに描かれた図の大きさと比べてどうなるか。次のア〜ウから１つ選べ。(5点)

　ア　小さい　　　　イ　等しい　　　ウ　大きい

(2) (1)のとき，白い厚紙に映る像はどのように見えるか。右のア〜カから１つ選べ。(6点)

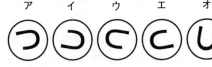

ア　イ　ウ　エ　オ　カ

(3) (1)のあと，右の図のように凸レンズの下半分を黒い厚紙でおおった。このとき，白い厚紙にうつる像は，おおう前の像と比べてどのような違いがあるか答えよ。(8点)

(4) 次に(3)の黒い厚紙を取り除く。凸レンズをすりガラスＡに少し近づけてから像がはっきりとうつる白い厚紙の位置を探すという操作をくり返す。このときのことを正しく述べている文はどれか。次のア〜エから１つ選べ。(6点)

　ア　はっきりとうつる像はだんだん小さくなっていくが，途中から像がはっきりとうつる白い厚紙の位置は見つからなくなる。

　イ　はっきりとうつる像はだんだん大きくなっていくが，途中から像がはっきりとうつる白い厚紙の位置は見つからなくなる。

　ウ　はっきりとうつる像はだんだん小さくなっていき，途中から虚像がうつるようになる。

エ　はっきりとうつる像はだんだん大きくなっていき，途中から虚像がうつ
　　るようになる。

（東京・筑波大附高）

2 音について，次の問いに答えなさい。(25点)

(1)　私たちが音といっているのは，音源の振動が空気中の波として伝わり，
　その振動が耳に達して感じているものである。では，音を伝える空気はどの
　ような運動をするか。次のア～ウから選び，記号で答えよ。(4点)
　ア　空気が音の進む方向にやってくる。
　イ　音の波が進む方向と直角に振動する。
　ウ　音の波が進む方向に空気が振動する。

(2)　次の①～④は，ア：音の大きさ，イ：音の高さ，ウ：音色のうちで，何
　を比べていることになるか。それぞれ記号で答えよ。(各4点)
　①　太鼓を強くたたいたときと弱くたたいたときの音の違い。
　②　フルートの音とクラリネットの音では，よく聞けば楽器を区別すること
　　ができる。
　③　試験管の口に息を吹き込んで鳴らす。長い試験管と短い試験管とでは聞
　　こえる音の何かが違う。
　④　ギターで弦を引っ張る力を強くすると，音の何かが変わる。

(3)　音は風がないときには340m/sの
　速さで伝わる。しかし，風が吹くと
　空気が移動するのでその影響を受
　け，音の伝わる速さは風の速さのぶ
　んだけ変わる。いま，陸から海に向

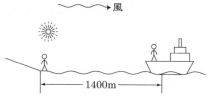

かって一定の速さの風が吹いているものとする。海岸から1400m離れた海
上に船が静止している。その海岸で，花火を打ち上げたところ，船上の人が
花火を見てから4秒後に花火の音を聞いた。ただし，光は瞬時に船に届く
ものとする。花火の高さは無視する。そこで，この船から海岸に向かって音
を発した。そのとき，音を発してから海岸にいる人に達するまでに何秒かか
るか。小数第2位を四捨五入して答えよ。(5点)

（愛知高）

3 力を加えていないときには同じ長さになる2本のばねA，Bがある。

図1のように，これらのばねの一端を固定し，鉛直方向につるし，下端に
おもりをつり下げて，力の大きさとばねの伸びとの関係を調べたところ，図2
のようになった。これらのばねを使って，いくつかの実験を行った。ばね自身
の重さは無視できるとして，次の問いに答えなさい。ただし，質量100gの物
体にはたらく重力の大きさを1Nとする。(20点)

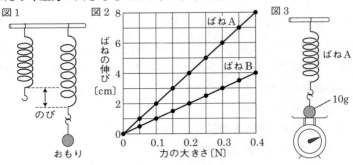

(1) 図3のように，ばねAに10gのおもりをつるし，おもりを台ばかりの上
にのせたところ，ばねの伸びは1.5cmであった。台ばかりの示す値は何Nか。
(4点)

(2) ばねAをなめらかで水平な面の上に
おいて，その両端に糸をつけて滑車に
かけ，左右それぞれの糸の先に10gの
おもりを取りつけたところ，図4のよ
うな状態で静止した。このとき，ばね
Aの伸びは何cmか。ただし，糸の重さ，
糸と滑車の摩擦は無視する。(4点)

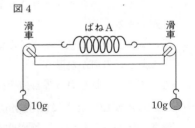

(3) 図5のように，ばねA，Bを直列につなげて鉛
直方向につるし，下端に10gのおもりを2個つり
下げた。このとき，ばねAとBの伸びの和は何
cmか。(4点)

(4) 図6のように，図5の下端につるした10gのお
もりのうちの1個を，ばねAとBの間につり下げた。
このとき，ばねAとBの伸びの和は何cmか。(4点)

(5) 図6の状態から，おもりは変えずに，ばねAと
Bの順序を入れ換えたら，ばねAとBの伸びの和
は何cmになるか。(4点)

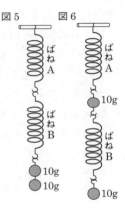

(東京・開成高⊠)

4 3段の滑車からなる輪軸(りんじく)がある。3つの滑車の材質は均一で、重心は円の中心にあり、各滑車どうしは互いに固定されているため、それぞれが独立

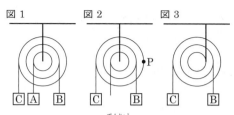

図1　図2　図3

に動くことはない。この輪軸の中心を図1のように天井(てんじょう)に固定して、おもりA、B、Cをつるした。以下、輪軸を構成する滑車の半径を小さいほうから10cm、20cm、30cmとし、糸の重さは考えないものとする。(30点)

(1)　図1において、おもりBの重さが9N、おもりCの重さが2Nのとき、輪軸が回転せずに静止した。おもりAの重さは何Nか。(5点)

(2)　(1)の状態から、おもりAを外して、輪軸が回転しないようにするには、図2の点Pにどのような力を加えなければならないか。その力の向き(上向き、下向き)と大きさを答えよ。(完答10点)

(3)　(2)の状態から、1段目の滑車につながる糸の一端を天井に固定した。その後、点Pに加えている力を除き、輪軸の中心の固定もはずしたところ、輪軸は回転せずに静止した(図3)。輪軸の重さは何Nか。(5点)

　以下の問いについては、2段の滑車からなる輪軸(材質は均一で、重心は円の中心にある)を考える。

　この輪軸を鉛直に立てて、あらい水平面に置き、内側の滑車に時計回りに糸を巻いた(図4)。図4において、糸の端を真上に引いたときのようすを考察する。このとき、輪軸は倒れないものとし、加える力の大きさは、輪軸が水平面から離れず、かつ、輪軸が水平面で滑らない

図4

ようなものとする。力を加えた直後の輪軸にはたらく力は、輪軸の中心に鉛直下向きの"重力"、内側の滑車の円周上に鉛直上向きの"張力"、外側の滑車と水平面の接触点における"垂直抗力"と"摩擦力"である。回転の基準点を、輪軸と水平面の接触点に選ぶと、(　①　)は、基準点のまわりの回転に影響しない。一方で(　②　)は、輪軸を基準点に対して時計回りに回転させる効果があるので、輪軸は右方向へ動き出す。

(4)　上の文章の(　①　)、(　②　)の中には、1つまたは複数の力の名称が入る。あてはまるものをすべて選べ。(各5点)
　　ア　重力　　イ　張力　　ウ　垂直抗力　　エ　摩擦力

(鹿児島・ラ・サール高)

4編 大地の変化

1 火山と火成岩

解答 別冊 p.49

*108 ［火山と火成岩①］ 〈頻出

次のような表で火山の形と噴火の溶岩のようすなどをまとめたい。これについて，あとの問いに答えなさい。

火山の形	傾斜が急	傾斜が緩やか
噴火のようす	① ⟷	
固まった溶岩の色	② ⟷	
マグマのねばりけ	③ ⟷	
火山の例		④

(1) 表の①，②，③にあてはまる特徴として最も適当な組み合わせを右のア〜クから1つ選び，記号で答えよ。

(2) 表の④にあてはまる最も適当な火山の名前を，次のア〜オから1つ選び，記号で答えよ。
ア 桜島
イ 雲仙岳（普賢岳）
ウ 富士山
エ 有珠山
オ マウナロア山（ハワイ）

	①	②	③
ア	おだやか	白っぽい	小さい
イ	おだやか	白っぽい	大きい
ウ	おだやか	黒っぽい	小さい
エ	おだやか	黒っぽい	大きい
オ	はげしい	白っぽい	小さい
カ	はげしい	白っぽい	大きい
キ	はげしい	黒っぽい	小さい
ク	はげしい	黒っぽい	大きい

(3) 固まった溶岩のつくり（組織）と，そのでき方を説明した次の文章の（　）にあてはまる適当な語・文を入れよ。ただし，（　あ　）は5字以内，（　い　）は15字以内で答えよ。

溶岩が固まった岩石は火山岩とよばれ，大きな結晶である斑晶と細かな結晶やガラスからなる石基とよばれる部分から構成される斑状組織を示す。斑晶は，マグマが（　あ　）にあるときから，結晶になっていたものと考えられ，石基は，マグマが（　い　）ため，結晶として十分に成長できなかったと考えられている。

（広島大附高）

着眼
108 ハワイの火山からふき出す溶岩は，日本の火山（伊豆諸島など一部を除く）からふき出す溶岩と比べて，非常にねばりけが弱い。

***109** ［火成岩のつくりとでき方］ ◁頻出

　安山岩などの（　①　）を観察すると，マグマが地表近くで，急に冷え固まったために比較的大きな鉱物が，細かい粒の中に入っているのがわかる。比較的大きな鉱物を（　②　），細かい粒の部分を（　③　）といい，このような岩石のつくりを（　④　）という。花こう岩などの（　⑤　）を観察すると，マグマが地下深くでゆっくり冷え固まったため，大きな鉱物の結晶のみでできている。このような岩石のつくりを（　⑥　）という。

(1)　文中の（　①　）〜（　⑥　）に適する語を，次のア〜ケのうちから1つずつ選び，記号で答えよ。

　　ア　火山岩　　イ　火成岩　　　ウ　深成岩　　　エ　堆積岩　　オ　石基
　　カ　斑晶　　　キ　斑状組織　　ク　等粒状組織　　ケ　鉱物

(2)　火成岩をつくっている鉱物には，有色鉱物と無色鉱物がある。次のア〜カのうち，有色鉱物のみの組み合わせのものを1つ選び，記号で答えよ。

　　ア　セキエイ，キ石，クロウンモ
　　イ　セキエイ，チョウ石，カクセン石
　　ウ　セキエイ，チョウ石，クロウンモ
　　エ　チョウ石，キ石，クロウンモ
　　オ　チョウ石，キ石，カクセン石
　　カ　キ石，カクセン石，クロウンモ

（三重高）

***110** ［火成岩の色］

　次の文中の（　①　），（　②　）にあてはまる語句を，それぞれ下のア〜コから1つずつ選び，記号で答えなさい。

　火山岩の中で無色鉱物の割合が大きいものとしては（　①　）がある。一方，深成岩で有色鉱物の割合が大きいものとしては（　②　）がある。

　　ア　安山岩　　　イ　花こう岩　　ウ　凝灰岩　　　エ　玄武岩
　　オ　石灰岩　　　カ　せん緑岩　　キ　チャート　　ク　斑れい岩
　　ケ　れき岩　　　コ　流紋岩

（東京・お茶の水女子大附高）

着眼
109 火成岩は，でき方やつくりの違いによって，火山岩と深成岩に分けられる。
110 火山岩には流紋岩・安山岩・玄武岩があり，深成岩には花こう岩・せん緑岩・斑れい岩がある。無色鉱物が多いものは白っぽく，有色鉱物が多いものは黒っぽい。

★*111* ［火山と火成岩②］

　2000年から火山活動が活発になった三宅島では，地下で（　あ　）が移動することにより，火山性地震が非常に多く起きた。噴火が始まるころには島民は全員避難した。島民が戻り始めている現在でも二酸化硫黄などの有毒ガスが火口から噴出し続けており，火山性地震も回数は減ったものの続いている。

　次の問いに答えなさい。

(1)　問題文中の（　あ　）に適語を入れよ。

(2)　火山噴出物の中で最も量の多い気体は何か。

(3)　三宅島の溶岩は，マウナロア山と同じような噴火をしていたことから，どのような性質をもっていると考えられるか。次のア～エから選び，記号で答えよ。

　ア　ねばりけが強く，爆発的な噴火をする。

　イ　ねばりけが強く，比較的ゆるやかな噴火をする。

　ウ　ねばりけが弱く，爆発的な噴火をする。

　エ　ねばりけが弱く，比較的ゆるやかな噴火をする。

●(4)　日本の火山が噴火して火山灰などの細かい火山噴出物が空中に出たとき，長いものでは1年近く空中をただよっている。そして，それらは地球大気の大きな流れに乗り，通常火山からある方向に広く多く堆積することがわかっている。その方角を次のア～エから選び，記号で答えよ。

　ア　東　　　イ　西　　　ウ　南　　　エ　北

(5)　三宅島の岩石の薄片をつくり，顕微鏡で見てみると図のように見えた。このようなつくりを何というか。

(6)　図中の①のように大きな粒に見える部分と②のように一様に見える部分をそれぞれ何というか。

(7)　この岩石は有色鉱物が多く，全体的に黒っぽく見えた。この岩石を次のア～エから選び，記号で答えよ。

　ア　流紋岩　　　イ　玄武岩

　ウ　花こう岩　　エ　はんれい岩

(8)　この岩石にはほとんど含まれない鉱物を次のア～エから選び，記号で答えよ。

　ア　セキエイ　　イ　カンラン石

　ウ　キ石　　　　エ　カクセン石

(大阪女学院高)

★★112 ［火成岩］

マグマからできる岩石について述べた次の文を読み，あとの各問いに答えなさい。

マグマが地上に噴出し固結（冷え固まること）してできた岩石と，噴出せずに地下で固結してできた岩石とでは，見かけに違いがある。これは地上と地下とではマグマの冷却速度が大きく異なり，結晶の成長のしかたに違いができるからである。（　①　）は地上に噴出したマグマ（溶岩）が固結した岩石であり，a黒っぽい色の石基の中には斑晶が見られる。この溶岩は粘性が小さいため，火口から噴水のように飛び出し，あふれたりして流れ出す。bこのようにして流れ出した溶岩は特徴的な地形や形態を示す。ハワイのマウナロア山などがそのような溶岩を噴出する火山である。一方（　①　）と同様の成分をもつマグマが地下深部で固結した岩石が（　②　）である。これはc粒の粗い結晶からなり黒御影（くろみかげ）ともよばれ，建物などの石材としてしばしば用いられている。

(1) 上記の文中の（　①　）と（　②　）に入る語句の組み合わせとして，正しいものを右のア〜エから選べ。

	①の語句	②の語句
ア	玄武岩	はんれい岩
イ	玄武岩	花こう岩
ウ	流紋岩	花こう岩
エ	流紋岩	はんれい岩

(2) 下線部 a に関連する文として，正しいものを次のア〜エから選べ。

　ア　斑晶は，マグマが急速に冷却したときにできた大きな結晶である。

　イ　斑晶は，マグマの中の空洞に成長した大きな結晶である。

　ウ　石基は，マグマが急速に冷却してできた小さな結晶とガラス質からなる。

　エ　石基は，マグマが地表で空気にふれて，酸化して黒くなった部分である。

(3) 下線部 b に関連する文として最も適当なものを次のア〜エから選べ。

　ア　溶岩は薄く広がりやすく，表面には縄状のしわがしばしばできる。

　イ　溶岩は流れにくく，厚く堆積して，岩の表面はごつごつしている。

　ウ　溶岩はもとの地形に沿って，山や谷を一様な厚さで広くおおいつくす。

　エ　溶岩が火口にドーム状の高まりをつくり，その側面は急斜面となる。

(4) 下線部 c の岩石について述べた文として最も適当なものを次のア〜エから選べ。

　ア　硬度の小さい鉱物からなるため，爪（つめ）で簡単に傷をつけることができる。

　イ　キ石，カンラン石，カクセン石などを多く含むため，黒い色調をしている。

　ウ　細かい不純物を含むセキエイを多量に含むので，全体に黒っぽく見える。

　エ　主に鉛を多量に含む有色鉱物からなるため，重要な金属資源となる。

（大阪星光学院高（改））

★**113** ［大地の変化と火成岩］

火山について述べた次の文を読み，あとの問いに答えなさい。

①地下の岩石がとけた物質である（　あ　）が，溶岩や火山灰，火山ガスなどとなって地表に噴出してくるのが火山噴火で，（　あ　）のねばりけによって噴火のようすが異なり，その結果いろいろな形をした「火山」ができる。

②ハワイのマウナロア山がなだらかな地形をしているのは，（　あ　）のねばりけが（　い　）いためで，多量の溶岩が噴水のように流れ出した結果である。一方，その逆に③有珠山のように激しい爆発的な噴火を起こす場合もある。このような火山の形は，ドーム状に急な盛り上がりをしていることが多くなっている。

(1)　文中の（　あ　），（　い　）に入る最も適当な語句をそれぞれ次のア～エより選び，記号で答えよ。

　　ア　マントル　　　イ　マグマ
　　ウ　大き　　　　　エ　小さ

(2)　下線部①について，右の図は地下でとけたものが再び冷えて固まってできた岩石のスケッチである。A岩，B岩についてそれぞれの岩石の分類・組織の名称・できた場所・色の各特徴を最も正しく述べているものを次のア～カから選び，記号で答えよ。

図　岩石のスケッチ

A岩
セキエイやチョウ石の割合が多い

B岩
キ石やカンラン石の割合が多い

　　ア　火山岩・等粒状組織・地表付近・黒っぽい
　　イ　深成岩・等粒状組織・地下深く・白っぽい
　　ウ　火山岩・等粒状組織・地表付近・白っぽい
　　エ　深成岩・斑状組織・地下深く・黒っぽい
　　オ　火山岩・斑状組織・地表付近・黒っぽい
　　カ　深成岩・斑状組織・地下深く・白っぽい

(3)　1990年，長崎県の雲仙普賢岳で起こった「火砕流」を発生させやすいのは，文中の下線部②，③のどちらのタイプの火山か。番号で答えよ。

（大阪・桃山学院高改）

★★★114 ［火山と火成岩③］

　火成岩にはいろいろな種類があるが，すべてマグマが冷えて固まった岩石である。そして，火成岩のでき方にはマグマが₁地表付近で急激に冷えて固まった場合と₂地下の深いところでゆっくり冷えて固まった場合とがある。これらの火成岩に対する次の問いに答えなさい。

(1)　下線部1，2の場合にできる火成岩をそれぞれ何というか。

(2)　(1)の2種類の火成岩は，でき方の違いによって岩石のつくりが異なっている。この岩石のつくりをそれぞれ何というか。

(3)　次のa〜fは，それぞれ火成岩を構成する代表的な6種類の造岩鉱物の特徴を説明した文章である。これについて，下の①，②に答えよ。

　a　結晶は長柱状で，柱状に割れやすい。dとよく似ている。

　b　黄緑色をしており，割れ方は不規則である。

　c　割れ方は不規則で，結晶度の高いものは水晶とよばれる。

　d　結晶は短柱状，柱状に割れやすい。aとよく似ている。

　e　うすくはがれるように割れる。

　f　地殻中に最も多く存在する鉱物で，ほとんどの岩石に含まれる。

①　a〜dは，それぞれ何という鉱物か。

②　ある火成岩A〜Cがあり，これらの岩石はすべてa〜f以外の鉱物を含んでいなかった。そして火成岩A〜Cの組成を調べたところ，火成岩Aはc，e，fの鉱物のみを含み，SiO_2の含有量は71％であった。火成岩Bはa，c，d，fの鉱物のみを含み，SiO_2の含有量は60％であった。そして，火成岩Cはb，d，fの鉱物のみを含み，SiO_2の含有量は50％であった。また，BとCは下線部1のでき方を，Aは下線部2のでき方をした火成岩である。A〜Cの名称を答えよ。

(4)　火成岩中のSiO_2の含有量は，マグマのねばりけと深い関係がある。そのマグマのねばりけが異なることにより，火山は大きく3種類に分けることができる。以下の文章で説明されているのは何という種類の火山か。

　「流動性の高い溶岩が流れて横に広がった傾斜のゆるいタイプの火山」

(5)　(4)の火山と最も関係の深い火成岩は，(3)の②のA〜Cのどれか。記号で答えよ。

(6)　(4)の火山の例として適当なものを，次からすべて選び，記号で答えよ。

　ア　昭和新山　　　イ　浅間山　　　ウ　マウナロア

　エ　桜島　　　　　オ　雲仙普賢岳

（北海道・函館ラ・サール高）

★115 ［火山と火成岩④］

日本の最高峰である富士山は現在も活動中の火山である。火山に関する次の問いに答えなさい。

(1) 火山にはいろいろな形があるが，火山の形を決める要素の1つにマグマの性質がある。図A，図Bはマグマの性質による火山の形の違いを表したものである。

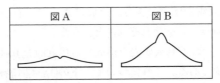

図A，図Bのような形の火山をつくっているマグマのねばりけ・噴火のようす・代表的な火山の名前を正しく表している組み合わせを，それぞれ下の表の**ア〜カ**から選び，記号で答えよ。

	ねばりけ	噴火のようす	火山の名前
ア	大きい	激しい	マウナロア山(アメリカ合衆国)
イ	小さい	激しい	桜島(鹿児島県)
ウ	大きい	激しい	雲仙普賢岳(長崎県)
エ	小さい	穏やか	雲仙普賢岳
オ	大きい	穏やか	桜島
カ	小さい	穏やか	マウナロア山

(2) 富士山の溶岩は全体に黒っぽいが，これは無色・白色の鉱物の割合が少なく，有色の鉱物の割合が多いためと考えられる。無色・白色の鉱物と有色の鉱物を正しく分類しているものを，次の**ア〜エ**から選び，記号で答えよ。

	無色・白色の鉱物	有色の鉱物
ア	セキエイ・チョウ石・キ石	クロウンモ・カクセン石
イ	セキエイ・チョウ石	キ石・カクセン石・カンラン石
ウ	セキエイ・カクセン石	クロウンモ・チョウ石・カンラン石
エ	セキエイ・カクセン石・チョウ石	キ石・クロウンモ

(3) 富士山の地表付近で見られる火山岩は，玄武岩とよばれる種類のものであるが，玄武岩と同じ成分のマグマが地中深いところで固まった場合，何という種類の岩石になるか。適するものを次の**ア〜エ**から選び，記号で答えよ。

ア 流紋岩　　　　**イ** せん緑岩
ウ 花こう岩　　　**エ** はんれい岩

(4) 次の文は，火山岩と深成岩の違いについて説明した文である。文中の下線部 a，b にあてはまる語句と①，②に入る語句の組み合わせとして正しいものを，下のア〜エから選び，記号で答えよ。

　火山岩をルーペで観察すると，_a肉眼では斑点のように見えている鉱物が，_b肉眼ではわからないような細かい粒の部分に囲まれたつくりをしている。このようなつくりを（　①　）組織とよぶ。一方，深成岩を観察すると，肉眼で見分けられるような大きさの鉱物が組み合わされるようになってできているのがわかる。このようなつくりを（　②　）組織という。

	a	b	①	②
ア	斑晶	石基	等粒状	斑状
イ	石基	斑晶	斑状	等粒状
ウ	斑晶	石基	斑状	等粒状
エ	石基	斑晶	等粒状	斑状

（大阪・清風高改）

116 [火成岩のつくり]

　S君は各地で野外観察を行い，何種類かの岩石を採集した。右の図は，採集した岩石のうち2種類をルーペで観察し，スケッチしたものである。これについて，次の問いに答えなさい。

A 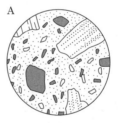　B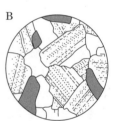

(1) 岩石Aのつくりを何というか。

(2) 岩石Aの大きな結晶を取り囲んでいる小さな粒やガラス質の部分を何というか。

(3) 岩石Bは全体が白っぽい色をしていて，鉱物としてセキエイ，チョウ石，クロウンモが含まれていた。岩石Bの岩石名を何というか。

（長崎・青雲高）

(着)(眼)
115 富士山の形は図Aと図Bの中間くらいであるが，富士山の地表付近で見られる玄武岩をつくるマグマは，図Aのような形の火山をつくることが多い。
116 岩石Aは火山岩で，比較的大きな結晶の部分は斑晶とよばれる。岩石Bは深成岩である。

☆☆☆*117* ［火山の形とマグマの成分］

次の文を読み，あとの各問いに答えなさい。

A君のお兄さんは大学で火山の研究をしているので，A君は夏休みの自由研究で火山のことを調べることにした。ある日，お兄さんの机の上に地図が置いてあったので，これを観察した。次の地形図がそれである。

この記号は凹地（まわりより低い場所）を示す

国土地理院発行2.5万分の1地形図を加工

これを見てA君は ₐ大室山は火山だと直感した。また地図をじっくり見て，ᵦ大室山が比較的最近噴火したはずだと考えた。そこで，A君はインターネットを使って火山のことを調べてみることにした。写真をよく見てみると，火山には登るのがたいへんなけわしい山と，それとは反対になだらかな山があることもわかってきた。そのとき，お兄さんが帰ってきて，A君のようすをしばらくみていたが，「それなら火山の形とマグマに含まれる二酸化ケイ素(SiO_2)の量の関係を調べてみるとおもしろいよ」とアドバイスしてくれた。

お兄さんの話では，二酸化ケイ素(SiO_2)というのは火山をつくったマグマの成分の1つで，この量の多い少ないはマグマのねばりけに関係するということだった。さっそくA君は，いくつかの火山の地図を印刷して，火山のすそ野の広さと高さを右の図のように測定してみた。また火山の専門家のホームページから，その火山の岩石に含ま

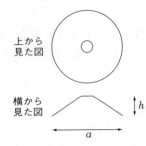

上から見た図

横から見た図

れる二酸化ケイ素(SiO_2)の量を調べて，次のページの表をつくった。（h/aは$h \div a$を表す）

火山名	SiO_2〔%〕	h〔m〕	a〔m〕	$(h/a) \times 100$〔%〕
マウナロア山	49	4200	80000	5.3
三原山	52	760	12000	6.3
富士山	51	3780	35000	10.8
昭和新山	70	250	900	27.8
普賢岳	65	430	1500	28.7
羊蹄山	59	1740	11000	15.8

　この表からA君は二酸化ケイ素(SiO_2)〔%〕を横軸に，また_c$(h/a) \times 100$〔%〕を縦軸にとって，_dグラフをつくってみた。そうすると_e興味ある関係が得られた。そこで，お兄さんの火山の地図から_f大室山の$(h/a) \times 100$〔%〕を求めた。この値と先ほどのグラフより，_g大室山の二酸化ケイ素(SiO_2)〔%〕量が推定できたので，お兄さんにその値を言うと，「ずいぶん大きい値だね。本当は50%くらいなんだよ。たぶんこの火山がほかの火山と違って，たった1回の噴火活動でできたから，傾斜が急になったのかな。」と教えてくれた。せっかく興味ある関係が得られたけれど，それを全部の火山に適用するのはやはり無理があるのだなあと，自然の複雑さに感心したり驚いたりした。

(1)　下線部aに関して，A君が大室山が火山だと直感した理由を2つ記せ。

(2)　下線部bに関して，A君が大室山は最近噴火したと考えた理由を記せ。

(3)　下線部cに関して，A君はなぜ火山の形を表す量として，aやhではなくh/aをとることにしたのか。理由を簡単に記せ。

(4)　下線部dに関して，表の6つの火山を表す点を右のグラフにかきこめ(線は引かなくてよい)。

(5)　下線部eに関して，できたグラフからみて，火山のマグマのねばりけと二酸化ケイ素(SiO_2)の量とはどのような関係があると考えられるか。簡単に記せ。

(6)　下線部fに関して，地図からh, aを測定し，大室山の$(h/a) \times 100$〔%〕を計算せよ(小数第1位を四捨五入)。

(7)　下線部gに関して，大室山の二酸化ケイ素(SiO_2)の量を，グラフより推定せよ。

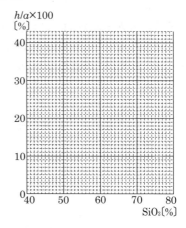

（大阪教育大附高天王寺）

2 地　震

解答 別冊 p.55

*118 [地震の波] ◀頻出

下の表はある地震において，地震が発生してから P 波および S 波の 2 種類の地震波が届くまでの時間を A, B, C の 3 地点で記録したものである。A, B, C の各地点の海抜に差はなく，地質は一様であるものとして，以下の問いに答えなさい。

	震源からの距離	P 波が届くまでの時間	S 波が届くまでの時間
A 地点	45km	6 秒	15 秒
B 地点	60km	8 秒	20 秒
C 地点	90km	12 秒	30 秒

(1) P 波の速さを求めよ。

(2) P 波が届くまでの時間と，S 波が届くまでの時間の差を何というか。

(3) ある地点（D 地点）で(2)の答えの時間の長さを計ったら，10 秒であった。この地点は震源から何 km の地点か。ただし，D 地点と A, B, C の各地点の海抜に差はなく，地質も一様であるものとする。

(4) 震源の真上の地点を何というか。

(5) (4)の地点は，D 地点から 30km 離れていた。この地震の震源の深さを求めよ。

(6) 次のア〜エから正しいものを 1 つ選び，記号で答えよ。

ア　ある地点の地震のゆれを「震度」といい，8 段階に分けられている。

イ　砂や泥でできたやわらかい土地では，土砂とともに水がふき出すことがある。

ウ　ほとんどの地震は地下 700km より深いところで起こる。

エ　マグニチュードが 2 増えると，地震のエネルギーの大きさは約 100 倍になる。

(愛知・滝高)

着眼 **118** (5)D 地点から震源までの距離が 50km（(2)より），D 地点から震央までの距離が 30km である。直角三角形の斜辺が 50km，ほかの 1 辺が 30km で，残りの 1 辺の長さが震源の深さである。

★119 ［地震計の記録］ ◀頻出

地震について下記の各問いに答えなさい。

(1) 下の図は，ある地震のゆれを地震計が記録したものである。

① 図中のａの小さなゆれを何というか。

② 図中のａのゆれは約 16 秒間であった。地震計が設置されていた場所は，震源からおよそ何 km 離れている場所と推定できるか。次のア～オから最も近いものを選び，記号で答えよ。ただし，Ｐ波は 8km/s，Ｓ波は 4km/s で進むものとする。

　ア　50km　　イ　75km　　ウ　100km　　エ　125km　　オ　150km

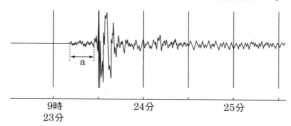

(2) 「震度」と「マグニチュード」について，次の問いに答えよ。

① 地震の規模の大小を表すのはどちらか。言葉で答えよ。

② 次の文章のうちから，正しいものを 2 つ選び，記号で答えよ。

　ア　震度の大きい地震ほどマグニチュードも大きい。

　イ　震度が大きくてもマグニチュードが小さいこともある。

　ウ　ゆれの小さい地震を感じたときは，津波は起こらないので，海岸にいても安全である。

　エ　マグニチュードの小さい地震ほど，地震の被害は少ない。

　オ　震度の小さい地震でも大きな被害をもたらす災害が起こることがある。

(3) 日本列島（東北地方）で起こる地震の震源の深さと場所との関係は，下図の中のどれが最も近いか。記号で答えよ。

　　　で示した 2 か所の範囲は地震がよく起こる場所を表している。

（広島・如水館高改）

119 (3)東北地方では，太平洋プレートが北アメリカプレートの下に沈みこんでいるところの境界あたりで大地震が起こりやすく，その真上の地表付近では直下型地震が起こりやすい。

☆☆**120** ［地震波］

次の文を読み，あとの各問いに答えなさい。

地震波にはP波とS波があり，地中を伝わる速さはそれぞれ 8.0km/s，4.0km/s なので，地震が起こるとまずP波が到達して小さなゆれを起こし，しばらくしてS波が到達して大きなゆれを起こす。この大きなゆれのことを ［　a　］，小さなゆれが起きてから大きなゆれが起こるまでの時間を ［　b　］という。

いま，地上のA点から真南 70km のところにB点，B点から真南 90km のところにC点があり，A，B，C点の標高はいずれも同じである。午前 9 時 10 分 45 秒にC点の直下深さ 120km のD点で地震が発生した。A点では午前 9 時 ［　c　］分 ［　d　］秒に最初のゆれを感じた。またB点での ［　b　］は ［　e　］秒で，午前 9 時 ［　f　］分 ［　g　］秒に大きなゆれが始まった。

(1) ［　a　］，［　b　］に適当な言葉を入れよ。

(2) ［　c　］～［　g　］に適当な数字を入れよ。小数点以下は四捨五入せよ。

(3) A，B，C，Dの各点のうち，震央はどれか。

(4) マグニチュードと震度の違いを 40 字以内で説明せよ。

（大阪教育大附高平野）

☆☆**121** ［地震のしくみ］

右の図 1 は日本列島付近の地下の断面で，大陸プレートの下に海洋プレートがもぐりこむようすを模式的に表したものである。Ⓐ～Ⓒは地震の震源の位置を示している。これについて，以下の問いに答えなさい。

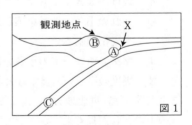

図1

(1) 日本列島付近で起こる大地震はⒶ～Ⓒのうちのひとつで起こることが非常に多い。それはどこか。Ⓐ～Ⓒの記号で答えよ。

(2) 次の各地震は，Ⓐ～Ⓒのうちのどこで起こった，あるいは起こると予想されるものか。それぞれⒶ～Ⓒの記号で答えよ。

① 1995 年兵庫県南部地震

② 近く起こることが予想されている東海地震と南海地震

(3) 津波の被害が大きくなると予想される地震は，Ⓐ～Ⓒのどこで起こる地震か。Ⓐ～Ⓒの記号で答えよ。

(4)　Ⓐ～Ⓒのうちのどこかを震源とする，同じマグニチュードの地震が起きたとする。次のように観測された地震の震源はⒶ～Ⓒのどこであると考えられるか。それぞれⒶ～Ⓒの記号で答えよ。ただし，観測地点は本州にあるものとする（図1参照）。

①　初期微動継続時間が最も長く観測された地震

②　震度が最も大きく観測された地震

(5)　図1で海洋プレートのもぐりこみ口 X は「海溝」とよばれている。日本付近の海溝および海溝類似地形の分布は次のア～カのうちのどれか。最も近いものを1つ選べ。

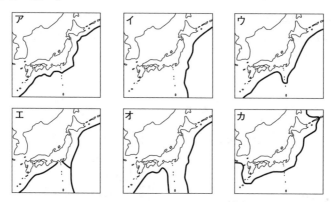

(6)　図2は日本で最も新しい地質時代（新生代第四紀）に活動した火山の分布を示している。図1と図2を参考にして，日本で火山ができる場所の条件と考えられるものを，次から1つ選べ。

図2

　ア　海洋プレートと大陸プレートが接している場所の地表

　イ　海洋プレートがある深さ以上にもぐりこんだ場所の地表

　ウ　大陸プレートが厚くなっている場所の地表

　エ　大陸プレートが薄くなっている場所の地表

（兵庫・灘高）

120 各辺の比が 3：4：5 の直角三角形を考える。

121 海溝は，プレートとプレートの境界にできる（海洋プレートが沈み込むところ）。

☆☆*122* ［地震のゆれの観測］

次の文章を読み，あとの問いに答えなさい。

学校の理科の実験室で授業を受けていたときに地震が起きました。①はじめはカタカタと小刻みなゆれを感じ，みんな少し動揺したようすでした。先生が「机の下にもぐりなさい。」と言ったと同時に②ユサユサと大きくゆれました。戸棚の中のガラス器具がぶつかり，大きな音を立てていました。友だちの中には，悲鳴をあげている人もいました。あとから見たテレビのニュースで，このときの地震は14時24分ごろ和歌山県沖で起こったマグニチュード6.0の地震であったことを知りました。

図1にこの地震の各地の地震計の記録を，表1に各地での下線部①，②のゆれ始めの時刻と震源距離を示している。ただし，14′25″04は14時25分4秒を表すものとする。

図1

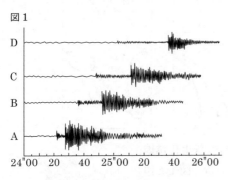

24″00　20　40　25″00　20　40　26″00

表1

	震源距離	ゆれを感じた時刻	
		①	②
D	255km	14′25″04	14′25″38
C	180km	14′24″49	14′25″13
B	120km	14′24″37	14′24″53
A	45km	14′24″22	14′24″28

(1) 下線部②の大きなゆれを何というか。漢字で答えよ。

(2) 下線部①の小刻みなゆれを感じてから，下線部②の大きなゆれを感じるまでの時間を何というか。漢字で答えよ。

(3) 下線部①の小刻みなゆれを起こす波の速さを求めよ。

(4) この地震が発生したのはいつごろか。最も適当な時刻を次のア～エから選び，記号で答えよ。

　ア　14時24分3秒　　　　イ　14時24分8秒
　ウ　14時24分13秒　　　エ　14時24分18秒

(5) この学校は震源から135km離れている。下線部①の小刻みなゆれは何秒間続いたか。最も適当な値を次のア～オから選び，記号で答えよ。

　ア　22秒　　　イ　21秒　　　ウ　20秒　　　エ　19秒　　　オ　18秒

（大阪・関西大第一高）

★★123 ［地震波の伝わり方①］

地震について，次の問いに答えなさい。

(1) 右の図は，ある地震の震源からの距離
と地震の波であるＰ波・Ｓ波が届くまで
の時間との関係を示している。

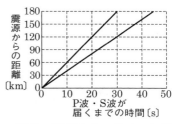

① Ｐ波の速さは何 km/s か。

② 震源からの距離が 120km 地点での
初期微動継続時間は何秒か。

③ この地震の初期微動継続時間と震源からの距離の関係を式で示せ。ただ
し，震源からの距離を D，初期微動継続時間を t とせよ。

(2) 右のア～ウは，３つの地震において，
それぞれ同じ時刻に初期微動が始まった
観測点を結んだ線を，模式的な同心円で
表している。円の中心が震央である。ア

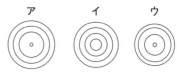

～ウのいずれも，同じ縮尺で表しており，円の間隔は 20 秒おきにとっている。
震源が最も浅い地震はどれか。１つ選び，記号で答えよ。　　　　　（広島大附高）

★★124 ［地震波の伝わり方②］

右の表は，ある地震につ
いて，Ａ～Ｃの３か所で
観測された記録である。次
の問いに答えなさい。

観測地点	初期微動の開始時刻	主要動の開始時刻	震源からの距離
Ａ地点	10時30分15秒	10時30分20秒	40km
Ｂ地点	10時30分18秒	10時30分26秒	64km
Ｃ地点	10時30分20秒	10時30分30秒	80km

(1) 地震の発生した時刻は何時何分何秒か。

この地震の震源は，Ａ地点から 40km の距離にある。したがって，Ａ地点を
中心とする半径 40km の地下の半球面上のどこかに震源があることになる。Ｂ
地点，Ｃ地点についても同様に考えることができる。また，震源を地下の３つ
の半球面上の交点と考えると，震源の深さを求めることができる。

(2) この地震の震央を右図を用いて作図によって
求め，黒丸（・）で図示せよ。また，作図に用い
た補助線はすべて残すこと。

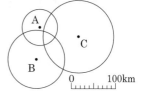

(3) 震源の深さは何 km か。次のア～カから最も
適当なものを１つ選び，記号で答えよ。

ア　16km　　　イ　32km　　　ウ　52km

エ　72km　　　オ　88km　　　カ　160km

（東京・筑波大附高）

★★125 [地震のゆれの大きさと地震波の伝わり方]

関東地方で地震があり，その地震を詳しく調べてみると以下の内容であった。
以下の各問いに答えなさい。

■地震情報　地震の発生日時：2月12日　午前2時2分7秒
　　　　　　震央地名：茨城県北部　　　　震源の深さ：9km
　　　　　　M：5.5　　　　　　　　　　　最大震度：4

(1) 地震情報の「M」の読み方を答えよ。

図1

震央位置(✕)と
観測地点(•)

図2

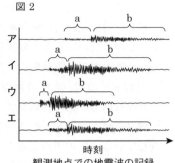

時刻
観測地点での地震波の記録

(2) 過去の地震を調べてみると，震央位置やMの値がほぼ同じにもかかわらず，最大震度が今回の地震よりはるかに小さいものがあった。そのようになる要因を，過去の地震と今回の地震を比較して説明せよ。

(3) 図1のA～Dのなかで最も震度が大きいと予想される地点はどこか，記号で答えよ。

(4) 図2のア～エはそれぞれ図1のA～Dのいずれかの地点で記録された地震波である。図2のaのゆれの名称を答えよ。

(5) 図1のDで観測される地震波は図2のア～エのどれか，記号で答えよ。

　図3は，今回の地震について，多数の観測地点における地震波の記録をもとに作成したグラフである。震源からの距離と，地震発生から図2のaのゆれが始まるまでの時間の関係を示したグラフがⅠ，同じく震源からの距離と，地震発生から図2のbのゆれが始まるまでの時間の関係を示したグラフがⅡである。

図3

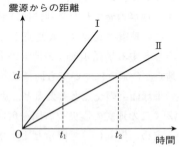

(6) Ⅰの傾きをpとしたとき，pを図3のなかの文字を用いて求めよ。また，pの値が表しているものを答えよ。

(7) Ⅱの傾きをsとしたとき，震源からの距離dにおいて図2のaのゆれが続いている時間をp，s，dを用いて求めよ。

(東京・お茶の水女子大附高)

★★*126* ［地震計と地震計の記録］

　地震の多い日本では約1300か所の高感度地震観測施設があり，地震計や傾斜計，GPS変位計などが設置してある。地震計は，地震動を電気信号に変換する電磁式が主として用いられるが，基本的な原理は，振り子式の地震計(図1)と同じである。

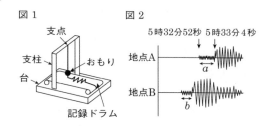

図1　図2

　ある地震において，3地点(A〜C)でゆれを観測した。図2は地点A，Bの地震計の記録である。地点AにおけるP波とS波の到達時刻を図2中に記した。また地点Aと地点Bの震源距離の差は40kmであった。地下の媒質は一様であり，地震波の伝達速度は一定であるとする。次の問いに答えなさい。

(1)　地震は地面全体が動くため，何らかの不動点を基準として，それに対するほかの物体の動きを記録する。図1の地震計で不動点とみなせるのはどこか。最も適切なものをア〜オから選べ。

　　ア　台　　イ　支点　　ウ　支柱　　エ　おもり　　オ　記録ドラム

(2)　図2の a〔s〕の時間を何というか。

(3)　P波，S波の伝達速度をそれぞれ V_P〔km/s〕，V_S〔km/s〕としたとき，震源までの距離を V_P，V_S，a を用いて表せ。

(4)　$V_P = 6$〔km/s〕，$V_S = 3$〔km/s〕であった。震源でこの地震が発生した時刻はいつか。

(5)　(4)のとき，b〔s〕の値を小数第2位を四捨五入して答えよ。

(6)　(4)のとき，地点CではS波が5時33分16秒に観測された。地点CでP波が到達した時刻はいつか。

(7)　地震災害や防災について述べた文ア〜エから，誤っているものをすべて選べ。

　　ア　緊急地震速報は大規模な地震が起こる直前の地殻変動を検知し，気象庁が発表する。

　　イ　地震災害にはゆれによる災害と，地殻変動による災害があるが，前者の例は津波が，後者の例は土砂崩れがあげられる。

　　ウ　9月1日の防災の日は，1923年の関東大地震が起こった日である。

　　エ　マグニチュードが大きい地震はマグニチュードの小さい地震に比べて，必ず震央付近のゆれは大きい。

(愛知・東海高)

★★★ **127** ［地震の特徴］

A君とB君の会話を読んで，あとの問いに答えなさい。

A 「昨日の夜，地震があったよね。」

B 「うん。①震度4くらいだったね。」

A 「はじめの a 小さなカタカタというゆれのあと，（ ② ），b 大きなグラグラというゆれが始まったけど，小さなゆれが続いている間は，いつ大きなゆれが始まるかと思うと，ドキドキするよね。」

B 「小さなゆれが長く続く地震は，（ ③ ）んだよね。」

A 「そうそう，その値は，小さなゆれが続く時間（ ④ ）するんだ。」

B 「2010年1月には，カリブ海にあるハイチ共和国で大きな地震があったよね。」

A 「このハイチ地震では（ ⑤ ）が主な原因で，30万人以上の人が亡くなる大惨事になったよ。」

B 「ハイチ地震のマグニチュードは7.0ということで，2004年12月のスマトラ島沖地震の9.1に比べれば，エネルギーは小さいのに…地震というのはマグニチュードだけではわからないものだね。」

A 「ハイチ地震は直下型地震だったから，被害が大きくなったという話だよ。」

---

(1) 下線部①の震度4の地震のゆれの程度として，適当なものを次から選び，記号で答えよ。

ア 屋内にいる人の一部がゆれを感じる。

イ つり下げてあるものはわずかにゆれ，屋内にいる人のほとんどがゆれを感じる。

ウ 食器類が落ち，固定していない重い家具が倒れることがある。

エ つり下げてあるものは大きくゆれ，眠っている人のほとんどが目を覚ます。

オ 立っていることが困難になり，はわないと動くことができない。

(2) ②に入る語句として，適当なものを次から選び，記号で答えよ。

ア 少しずつゆれが増幅して

イ またたく間に突然

ウ いったんゆれが収まったあと

エ 強弱をくり返しながら

(3) 下線部 a, b のゆれに対応する語句・説明を,語群 X・Y・Z からそれぞれ選び,記号で答えよ。

【語群 X】

　　ア　α波　　　　イ　β波　　　　ウ　P波

　　エ　S波　　　　オ　T波

【語群 Y】

　　ア　横ゆれ　　　イ　横波　　　　ウ　表面波

　　エ　縦波　　　　オ　縦ゆれ　　　カ　重力波

【語群 Z】

　　ア　進行方向と同じ方向に振動する。

　　イ　上下に振動する。

　　ウ　進行方向に対して垂直に振動する。

　　エ　左右に振動する。

　　オ　地面が縦横に振動する。

(4) ③に入る語句として,適当なものを次から選び,記号で答えよ。

　　ア　マグニチュードが大きい

　　イ　マグニチュードが小さい

　　ウ　震源までの距離が長い

　　エ　震源までの距離が短い

(5) ④に入る語句として,適当なものを次から選び,記号で答えよ。

　　ア　に比例　　　　　イ　に反比例

　　ウ　の2乗に比例　　エ　の2乗に反比例

(6) ⑤に入る語句として,適当なものを次から選び,記号で答えよ。

　　ア　津波　　　　　イ　火災　　　　　ウ　山崩れ

　　エ　液状化現象　　オ　建物の崩壊

(7) 直下型地震とはどのような地震か。次の空欄を補って文章を完成させよ。

　　「〔　Ⅰ　〕で発生する,震源の〔　Ⅱ　〕い地震。」

(鹿児島・ラ・サール高)

着眼

127　(3)初期微動はP波という縦波によって起こり,主要動はS波という横波によって起こる。ゆれ方が横ゆれか縦ゆれかということは,地震によって異なる。

　　(4)(5)初期微動を起こすP波と主要動を起こすS波は震源で同時に発生するが,P波の伝わる速さのほうがS波の伝わる速さより速い。

★★128 ［地震による災害と地震のしくみ］

大きな被害をもたらす地震には，内陸直下で発生する震源の浅い地震と海溝付近で発生する巨大地震などがある。次の各問いに答えなさい。

(1) 内陸直下型地震である兵庫県南部地震(1995年)で発生しなかったものはどれか。次からすべて選び，記号で答えよ。

 ア　建造物や家屋の破壊や倒壊　　　イ　がけくずれ　　　ウ　土石流
 エ　液状化　　　　　　　　　　　　オ　地割れ　　　　　カ　津波

(2) 日本の海溝付近で発生する巨大地震には，100年～150年の周期があるといわれている。その理由について述べた下の文中の(①)，(②)に入る適当な語を答えよ。

 【文】　海溝付近では，日本列島をのせた大陸(①)の下に海洋(①)が沈み込んでおり，両者が固着した部分にたくわえられた(②)がある一定の限界量に達すると破壊が起き，地震が発生する。

(東京・筑波大附駒場高)

★★★129 ［地震の解析］

地震は大きな災害をもたらすが，一方で地震波の伝わり方を調べることで，地球内部のようすを知るための大きな手がかりを与えてくれる。このことについて考えてみる。ここでは話を簡単にするために，地震の震源が地表にごく近い場合について考える。

図1は震源に比較的近い地点でのP波とS波の伝わる時間をグラフで表したものである。

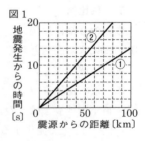

図1

(1) 地震波の伝わる方向と振動する方向が垂直になっているのはP波とS波のどちらか。

(2) P波を表しているのは，図1の①，②のどちらか。

(3) 図1の①，②の地震波が伝わる速さ〔km/s〕をそれぞれ求めよ。

(4) 震源から50km離れた地点での初期微動継続時間は何秒か。答えが小数になる場合は，小数第2位を四捨五入して小数第1位まで答えよ。

(5) 震源からx〔km〕離れた地点での初期微動継続時間t〔s〕を，xを使った式で表したとき，下の式の□□□にあてはまる数値を答えよ。ただし，数値は整数または分数とする。

$$t = \boxed{} \times x$$

震源から比較的離れた地点までのP波の伝わる時間をグラフで表すと図2のようになる。途中でグラフが折れ曲がる理由を，20世紀初頭，モホロビチッチは，地中で地震波の伝わる速さが急に変化している境界面（モホロビチッチの不連続面）が存在しているためと考えた。図3に，この模式図を示す（実際は球面であるが，ここでは話を簡単にするため平面で考える）。a地点で発生した地震波は地表を通って x〔km〕離れたb地

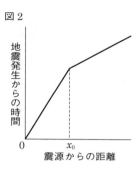

図2

点に伝わるものと，地中に入り層1と層2の境界面を通ってb地点に伝わるものの2種類が存在する。図3のように，地中に入

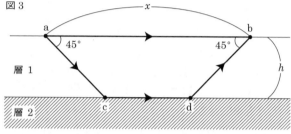

図3

る地震波は，層1内を地表と45°をなす角で進み，層2内で境界面にごく近いc地点からd地点までほぼ境界面に沿って進み，再び層1内を地表と45°をなす角で進むものとする。層1と層2の境界は地表と平行で，c地点，d地点の境界面からの深さは無視できるものとする。地震波の伝わる速さは層1で v_1〔km/s〕，層2で v_2〔km/s〕とし，層1と層2の境界面の地表からの深さは h〔km〕とする。文字式で答える問題では，根号はそのままで答えること。

(6) aで発生した地震波が地表を通ってbに到達するのに要する時間〔秒〕を x, h, v_1, v_2 から必要な文字を用いて答えよ。

(7) aで発生した地震波がcに到達するのに要する時間〔秒〕を x, h, v_1, v_2 から必要な文字を用いて答えよ。

(8) cd間の距離〔km〕を x, h, v_1, v_2 から必要な文字を用いて答えよ。

(9) aで発生した地震波が地中に入りcdを通ってbに到達するのに要する時間〔秒〕を x, h, v_1, v_2 から必要な文字を用いて答えよ。

(10) 地表を通った地震波と，層1と層2の境界面を通った地震波が，同時にbに到達する距離 x_0〔km〕と h の関係を表したとき，下の式の □ にあてはまる式を v_1, v_2 を用いて答えよ。

$$x_0 = \boxed{} \times h$$

現在では，モホロビチッチの不連続面は地殻とマントルの境界を示すものであると考えられている。

（奈良・西大和学園高）

128

3 地層と大地の変化

別冊 *p.61*解答

130 [地層・岩石・化石] <頻出

次の文章を読んで，あとの問いに答えなさい。

S君の町には切り立ったがけが
あり，地層が見えている。図1は，
その地層を模式的に示したもので
ある。図のX－X′は，風化，侵
食を受けた不規則な凹凸であり，
その上にはれき岩が見られる。ま
た，図2は，この付近で採集され
た岩石をルーペで観察し，スケッ
チしたものである。

図1

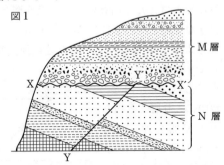

(1) 図2の岩石をつくっている粒の大きさは約1mm
程度であった。岩石Cに最もあてはまるものを次
のア〜エから1つ選び，記号で答えよ。

図2

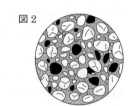

ア 泥岩 　　イ 砂岩
ウ れき岩 　　エ チャート

(2) 次のア〜オは，どの順で起こったといえるか。古いものから順に記号で
答えよ。

ア 地層M層の堆積
イ 地層N層の堆積
ウ X－X′の形成
エ Y－Y′の形成
オ 地層N層のしゅう曲（地層が曲がったり傾いたりする現象）

(3) 下線部のことから，この土地の隆起・沈降が見てとれる。この地層から
判断すると，この土地は少なくとも何回隆起したと考えられるか。その回数
を答えよ。

(4) N層の一部から採集した岩石にはフズリナとよばれる生物の化石がたく
さん含まれていて，この岩石にうすい塩酸をかけると泡が発生した。次の①
〜③の問いに答えよ。

① N層の堆積した時代を，次のア〜ウから1つ選び，記号で答えよ。
ア 古生代 　　イ 中生代 　　ウ 新生代

② フズリナのように，地層の堆積した時代を知る手がかりとなる化石を何というか。

③ 発生した気体の名称を答えよ。

(5) M層の地層の一部を見てみると，下から「泥岩」→「砂岩」→「れき岩」の順になっている部分があった。このことから，この部分が堆積した期間の大地の動きについて推測できることを，次のア～オから1つ選び，記号で答えよ。なお，大地の隆起・沈降は，ゆっくり行われたものとする。

ア 地球の温暖化により，海水面が上昇した。

イ 浅い海の海底が沈降したあと，元の深さまで隆起した。

ウ 浅い海の海底が隆起したあと，元の深さまで沈降した。

エ 深い海の海底が隆起して浅い海になった。

オ 浅い海の海底が沈降して深い海になった。

（長崎・青雲高改）

★★131 ［地層のつながり］ ◁頻出

丘陵地帯を通る，上り下りのある道沿いの崖4か所で，地層を観察し右の図を作成した。なお，縦軸は道路面からの高さを表している。これについて，次の各問いに答えなさい。

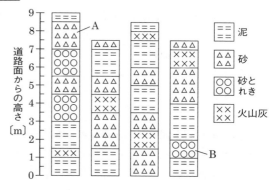

(1) このような図を何というか。漢字で答えよ。

(2) この地域の地層がすべて水平で，厚さが一定であるとすると，地層Aの上端から地層Bの下端までの高さ（厚さ）は何mか。なお，厚さ0.5mの火山灰の層どうし，および，厚さ1mの火山灰の層どうしは，それぞれ同じ地層であることがわかっている。

（東京・お茶の水女子大附高）

着眼

130 (2)傾いたN層がY－Y′面でずれていて，Y－Y′面はX－X′面によってけずられている。

131 (2)厚さ0.5mの火山灰の層どうしも，それぞれ同じ地層である。

*132 ［地層のつながり・堆積岩・化石］ <頻出>

図1は，ある崖に見られる地層，A層～G層を模式的に表したものである。また，E層には下の図2の化石，F層にはサンゴの化石が含まれていた。次の問いに答えなさい。ただし，(2)～(6)と(9)は記号で答えよ。

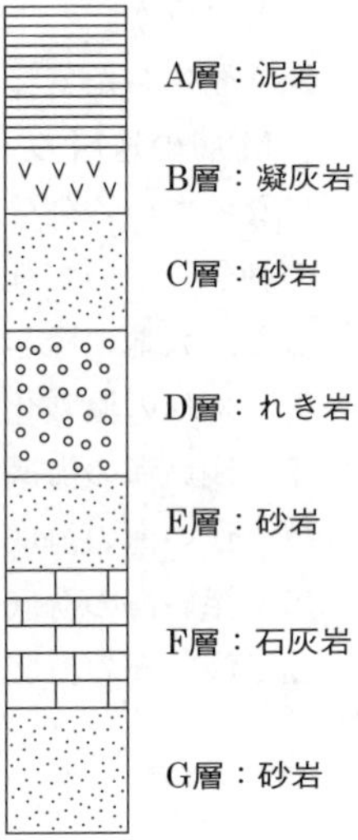

(1) 下の文の（　）に適当な語句を入れよ。ただし，（　④　）は，図1のA～Gから記号で選べ。

　　地層が現れている崖をとくに（　①　）という。地層のつながりは各地の（　①　）で地層の重なりをくわしく調べ対比することでわかる。地層を対比する場合，図1のように示した（　②　）図で対比するとわかりやすい。そのとき，特徴的な層があると，比較するときの目印になる。このような目印になる層をとくに（　③　）層という。図1では火山灰からできた地層（　④　）がそれに相当する。

右図：
A層：泥岩
B層：凝灰岩
C層：砂岩
D層：れき岩
E層：砂岩
F層：石灰岩
G層：砂岩
図1

(2) れき岩，砂岩，泥岩は何によって分類されるか。
　ア　色　　イ　かたさ　　ウ　粒の大きさ　　エ　鉱物の種類

(3) 図2の化石は何か。
　ア　マンモス　　イ　シジミ
　ウ　サンヨウチュウ　　エ　アンモナイト
　オ　恐竜　　カ　ビカリア
図2

(4) 図2の化石と同時代の示準化石となる別の生物はどれか。
　ア　マンモス　　イ　シジミ
　ウ　サンヨウチュウ　　エ　アンモナイト
　オ　恐竜　　カ　ビカリア

(5) 図2の化石を含む地層が堆積した時代はいつか。
　ア　古生代　　イ　中生代
　ウ　新生代第三紀　　エ　新生代第四紀

(6) 示準化石として適するのは，どのように栄えた生物か。
　ア　広い範囲で長期間栄えた生物。　　イ　広い範囲で短期間栄えた生物。
　ウ　狭い範囲で長期間栄えた生物。　　エ　狭い範囲で短期間栄えた生物。

(7) (5)のア～エのような時代区分を何時代というか。漢字2字で答えよ。

(8) 図1のF層中のサンゴの化石のように地層が堆積した当時の環境や気候を知る手がかりとなる化石を何というか。

(9) 図1のF層中のサンゴが生息していた当時の①環境と②気候を選べ。

① ア　太陽の光がよく届きやすい海底

　　イ　太陽の光がわずかに届く海底　　　　ウ　太陽の光が届かない海底

② ア　寒冷な気候　　イ　温暖な気候　　　ウ　寒冷とも温暖ともいえない

(京都・東山高)

*133 ［化石・岩石］ ◀頻出

　太郎君は，自然科学に関する博物館へ行って，さまざまな岩石標本や化石を見た。恐竜の一種ティラノサウルスの化石などを見た太郎君は，太古の時代に生きた生物に興味をもった。これに関連して，次の問いに答えなさい。

(1) 恐竜のように特定の時代に栄え，地球上の広い範囲に生息していたが，その後絶滅した生物の化石は，その化石を含む地層ができた時代を推定する手がかりとなる。このような化石を何というか，漢字で答えよ。

(2) 次のア～オは，太郎君が博物館で観察した化石である。これらのうち，その化石を含む地層ができたのが中生代であると推定する手がかりとなるものを2つ選び，記号で答えよ。

　ア　アンモナイト　　　　　イ　ビカリア　　　　　ウ　サンヨウチュウ

　エ　ティラノサウルス　　　オ　ナウマンゾウ

(3) 次のア～オの岩石のうち，その内部に化石を含んでいる<u>可能性がないもの</u>として最も適当なものを1つ選び，記号で答えよ。

　ア　砂岩　　　　イ　石灰岩　　　ウ　凝灰岩

　エ　花こう岩　　オ　チャート

(4) 次のア～オの各文のうち，地層や化石から推測できることとして正しいものを2つ選び，記号で答えよ。

　ア　サンゴの化石を含む地層からは，その地層ができた当時，暖かくて浅い海であったことが推測できる。

　イ　フズリナ(ボウスイチュウ)の化石を含む地層からは，その地層ができたのは恐竜の栄えていた時代よりもあとであることが推測できる。

　ウ　厚い凝灰岩の地層からは，その地層ができた当時，大規模な火山噴火があったことが推測できる。

　エ　泥岩の地層からは，その地層ができた当時，そこが流れの速い川底であったことが推測できる。

　オ　れき岩の地層からは，その地層ができた当時，そこが深い海底であったことが推測できる。

(国立高専)

★★★ *134* ［地層の観察］

図1は，ある地域の地形を等高線で表した地形図である。図2は，図1中のA，B，C，Dの各地点でボーリング調査を行い，その結果を示した柱状図である。この地域では地層はほぼ平行をなし，断層やしゅう曲，地層の上下の逆転はないことが確かめられている。また，図3は，地層年代の時間を縦軸に，地域的な広がりを横軸にとり，化石の分布範囲を示したものである。

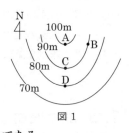

図1

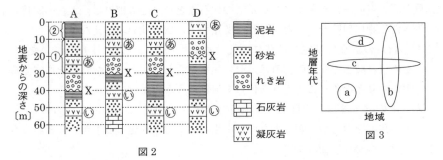

図2

図3

図2中に⑤の記号がつけられた凝灰岩の層は，すべて同じ火山の，同じ時期の噴火の火山灰が堆積したものである。①についても同様である。Xの記号がつけられた面はでこぼこしていて，すぐ上にはこの面より下の層の岩石のれきを多く含むれき岩層がある。

(1) A，B，C，Dの各地点において⑤の層上面の高度から判断して，Xより上の地層はどのような状態になっていると考えられるか。次のア～ケから1つ選び，記号で答えよ。

ア 北に傾いている。 　　イ 北東に傾いている。

ウ 東に傾いている。 　　エ 南東に傾いている。

オ 南に傾いている。 　　カ 南西に傾いている。

キ 西に傾いている。 　　ク 北西に傾いている。

ケ 水平である。

(2) Xより下の地層はどのような状態になっていると考えられるか。(1)の選択肢のア～ケから1つ選び，記号で答えよ。

(3) ⑤や①の凝灰岩の層と同じはたらきをする化石のことを何というか。また，この化石として使用するために最も適当な時間的・地域別分布をもつ化石を図3のa～dから1つ選び，記号で答えよ。

(4) B地点の地下55mから現れる石灰岩の層の中からサンゴの化石が見つかった。この層の堆積当時，この地域はどのような環境にあったと考えられるか。次のア～エから1つ選び，記号で答えよ。

ア　深海底　　　　　　　イ　暖かく浅い海

ウ　寒流の流れる浅い海　　エ　河口付近か湖の底

(5) A地点の柱状図の①から②への地層の移り変わりを説明するための現象として可能性のあるものを，次のア～エからすべて選び，記号で答えよ。

ア　気候が寒冷化した。　　イ　気候が温暖化した。

ウ　この土地が隆起した。　　エ　この土地が沈降した。

（京都・同志社高）

★★*135* ［プレートの動きと火山］

日本付近の火山活動や地震，地震にともなう地形の変化などの大地の変動には，プレートの動きが関係していると考えられている。右の図1は，日本付近のプレートとその境界を示している。

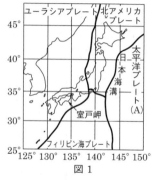

図 1

(1) 太平洋プレート(A)は，日本列島に対してどのような向きに動いているか。およその移動の向きを答えよ。ただし，北から南へ移動しているときは「南」，北北西から南南東へ移動しているときは「南南東」のように答えること。

(2) 東北地方には，現在も活動を続ける火山が多数存在している。右の図2はそのようすを模式的に示している。東北地方の火山の位置について述べた次の文中の（　）に適する語を答えよ。

日本海溝に（　）に，一定の距離だけ離れた帯状の地域に分布している。

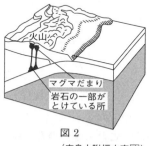

図 2

（広島大附福山高図）

着眼

134 各地点の地表面に差があるので，Aの深さ10mの位置とB，Cの地表面の高さ，Aの深さ20mの位置とDの地表面の高さを並べてみて比べるとわかりやすい。

135 (1)太平洋プレートは，境界に対しておよそ垂直方向に1年に数cmずつ移動している。

(2)文中の内容から，火山帯と日本海溝の位置関係を導き出すことができる。

★★★ *136* ［運搬作用と堆積作用］

　辞書で「砂」を引くと「細かい岩石の粒，主に各種鉱物の粒子よりなる。通常 2mm 以下，$\frac{1}{16}$mm 以上のものをいう。まさご。いさご。」とある。くわしくは粒径によって，右表のように区分されることがある。

くわしい区分	粒径
極粗粒砂	1 ～ 2mm
粗粒砂	0.5 ～ 1mm
中粒砂	0.25 ～ 0.5mm
細粒砂	0.125 ～ 0.25mm

　身近な例としては砂場の砂には粒径 0.25mm 前後の「中粒砂」～「細粒砂」がよく使われている。砂の粒子の大きさ(r)と河川の流れや海流での運ばれやすさには次の関係がある。

　「運搬力」は粒子の断面積が大きいほど大きい。r^2 に比例。

　「沈降力」は，(重力 − 浮力)に比例し，(重力 − 浮力)は r^3 に比例。

　「沈降抵抗力」は粒子の表面積が大きいほど大きい。r^2 に比例。

　下の図1は，ある大きさの砂粒が河川の流れや海流で運ばれるときに作用しているこれら3つの力を示したものである。砂粒はこれら3つの力の合力によって移動する。これについて，次の各問いに答えなさい。

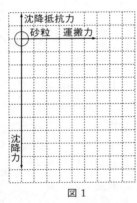
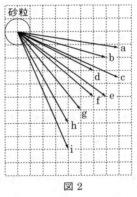

図1　　　　　　　　図2

(1)　「沈降抵抗力 / 沈降力」の比を考えると，この比は何に比例するか，r を用いて表せ。

(2)　これら3つの力の合力を図示せよ。

(3)　砂粒の大きさが半分になるとこれらの力が変化する。そのとき砂粒を移動させる力として適するものを図2のa～iから1つ選び記号で答えよ。ただし，図2は図1の4倍に拡大されている。

(福岡・久留米大附設高)

着眼　*136* (1)「沈降抵抗力 / 沈降力」は，沈降抵抗力を沈降力で割ったものである。沈降力は r^3 に比例し，沈降抵抗力は r^2 に比例するので，それぞれを代入すればよい。

★★★*137* [地層・岩石・化石]

下図は，東西方向の平坦な道に沿って，地質調査を行い，観察された岩石の
ようすを示している。また調査によって，次の①～⑤のことがわかった。この
図に関する下記の各問いに答えなさい。

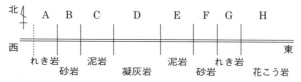

① 花こう岩(H)の年代を調べてみると，今から約6億年前のものとわかった。

② 花こう岩(H)に接するれき岩(G)には，熱による変成作用を受けたようす
は観察されなかった。

③ A～Gの岩石をくわしく調べた結果，AとGのれき岩は同じ時代のもの
とわかった。また，BとFの砂岩，CとEの泥岩も同様にそれぞれ同じ時
代のものとわかった。

④ 化石を調べてみると，Bの砂岩からはフズリナが見つかり，またCの泥
岩からは，Bで発見されたものより進化したフズリナが見つかった。

⑤ Dの凝灰岩の地層はほとんど水平になっていた。またどの地層も南北方向
にのびており，A～Gの地層を観察した結果，この付近では地層の逆転は
起こっていないことがわかった。

(1) 図の花こう岩(H)とれき岩(G)の関係を何というか。最も適当なものを次
のア～ウから1つ選び，記号で答えよ。

　　ア　整合　　　イ　不整合　　　ウ　貫入

（難）(2) 図の砂岩層(F)の傾斜はどうなっているか。最も適当なものを次のア～エ
から1つ選び，記号で答えよ。

　　ア　北のほうに傾斜している。　　イ　東のほうに傾斜している。
　　ウ　南のほうに傾斜している。　　エ　西のほうに傾斜している。

（難）(3) 下図のア～エは，この地域の東西方向の模式的な断面図である。最も適
当なものを次から1つ選び，記号で答えよ。

(福岡大附大濠高)

（着眼）

137 Dを中心として，CとE，BとF，AとGが同じ層であるということから，こ
の付近の地層はしゅう曲していることがわかる。

★★★ *138* ［柱状図と地層の観察］

右の図は，ある地域の地形とa～e地点のボーリングをもとにつくった柱状図である。あとの問いに答えなさい。なお，この地域の地質については，次のようなことがわかっている。

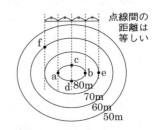

① それぞれ1つの地層における，厚さや傾きは一定である。

② 断層は見あたらず，地層の逆転もない。

③ c地点とd地点の柱状図は，まったく同じである。

④ A層は砂岩，B層はれき岩，C層は石灰岩，D層は凝灰岩，E層は泥岩，F層は石灰岩である。

(1) C層にはフズリナ(ボウスイチュウ)の化石が含まれていた。C層ができたのはいつごろか。最も適当なものを次のア～オより1つ選べ。

 ア 先カンブリア時代

 イ 古生代前期

 ウ 古生代後期

 エ 中生代

 オ 新生代

(2) C層ができた時代，陸上ではどのような植物や動物が繁栄していたか。最も適当なものを次のア～オより1つ選び，その記号を書け。

 ア シダ植物と両生類

 イ 裸子植物と両生類

 ウ シダ植物とハチュウ類

 エ 裸子植物とハチュウ類

 オ 被子植物と鳥類

(3) Dは火山灰が堆積した凝灰岩である。このような地層は，地層の対比をするのに非常に役立つ。このような地層を何というか。

(4) F層の岩石は，岩体Gとの境界付近で熱により変成を受けている。変成を受けた結果できる岩石の名前を答えよ。

(5) 次のア～オは，この地域の過去のできごとを示している。古いものから順に並べ，記号で答えよ。ただし，A層からはアンモナイトの化石が発見され，岩体Gの火成岩ができた時期を特別な方法で調べたところ，約6千万

年前であることがわかった。

ア　F層の上にE層が堆積した。

イ　B層の上にA層が堆積した。

ウ　地下の深い所で，マグマがゆっくり冷えて固まり，岩体Gを形成した。

エ　いったん隆起が起こり，地表面が侵食され，その後沈降した。

オ　地殻変動によってD層を含む一連の地層が傾いた。

(6)　岩体Gの岩石として，最も適当なものを次のア～オより1つ選び，その記号を書け。

ア　玄武岩

イ　安山岩

ウ　流紋岩

エ　へんま岩

オ　はんれい岩

(7)　f地点では地表面から何m掘るとE層にぶつかるか。

(8)　この地域に見られる不整合面は，地形図上でどのように現れるか。右に太い実線で示せ。

(9)　地層が逆転していないことを知る手がかりとして，適当でないものを次のア～オより1つ選び，その記号を書け。

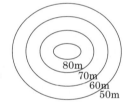

ア　A層に見られる二枚貝の産状

イ　A層に見られる斜めに交わったすじ模様

ウ　B層に見られるれきの大きさによる並び方

エ　D層に見られる火山灰の粒子の形

オ　E層に見られる古生物の巣穴

(奈良・東大寺学園高)

★★★ **139** ［大地の変化と放射性物質による年代の特定］

次の文章を読んで，あとの問いに答えなさい。

右の図は，ある場所の露頭で見られた地層である。図中のA～Fは堆積岩，Gは花こう岩で，Ⓧ～Ⓩは地層内に見られるずれや境界である。また，BとDの地層からは化石が見つかった。この場所ではこの地層に見られる以上の大きな傾きやずれはないものとする。

(1) ⓍやⓎのように上下で不連続な地層の重なり方をした境界面を何というか。

(2) Ⓩのような地盤のずれを何というか。次のア～ウから正しいものを1つ選び，記号で答えよ。

    ア　正断層　　　イ　逆断層　　　ウ　横ずれ断層

(3) Ⓩはどのような力によって生じたものか。次のア・イから選び，記号で答えよ。

    ア　横からの押す力　　　イ　横からの引っぱる力

(4) 地層EやFのように地層が波打った状態を何というか。

(5) (4)の状態はどのような力によって生じたものか。(3)の選択肢ア・イから選び，記号で答えよ。

(6) 次の①～⑧を起こった順に記号で答えよ。

    ①　A，Bの地層の堆積　　　　②　C，Dの地層の堆積

    ③　E，Fの地層の堆積　　　　④　E，Fの地層の変形

    ⑤　Gの岩石の貫入　　　　　⑥　Ⓧの形成

    ⑦　Ⓨの形成　　　　　　　　⑧　Ⓩの形成

(7) この地層から，この場所は現在を除いて少なくとも過去に何回陸地になったと考えられるか。

難(8) Gの岩石に含まれる可能性のない鉱物を次のア～オから1つ選び，記号で答えよ。

    ア　セキエイ　　　イ　チョウ石　　　ウ　カンラン石

    エ　キ石　　　　　オ　ウンモ

難(9) 右の図は，Bの地層に含まれていた二枚貝の化石の部分をスケッチしたものであるが，上下を記録し忘れた。ア・イのどちらが上だと考えられるか。記号で答えよ。

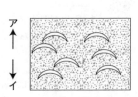

⑽　Bの地層からアンモナイトの化石が見つかった。このことから，Dの地層に含まれる可能性のない化石を次のア〜エから１つ選び，記号で答えよ。

　　ア　サンヨウチュウ　　　　イ　ビカリア

　　ウ　フズリナ　　　　　　　エ　リンボク

⑾　アンモナイトのように，その地層ができた時代を特定するのに役立つ化石を示準化石という。示準化石となりうる条件として適当なものを次のア〜オからすべて選び，記号で答えよ。

　　ア　地球上の広い範囲に生息していた。

　　イ　限られた特殊な環境で生息していた。

　　ウ　長い時代にわたって生息していた。

　　エ　限られた短い時代のみに生息していた。

　　オ　ヒトの肉眼で見られる程度の大きさが必要である。

⑿　示準化石から求められる年代とは別に，化石をつくっている原子について調べることで，地層がつくられた年代を推定することができる。例えば，ある種の炭素原子(これを ^{14}C と表す)は放射線を

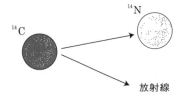

出してある種の窒素原子(これを ^{14}N と表す)に変化する。これを崩壊という。

　　このとき， ^{14}C が崩壊してはじめの半分の量になるのに5730年かかり，さらにその半分の量になるのに5730年かかる。つまり，ある時期の ^{14}C が半分の量になるのに要する時間は常に等しく，この時間を半減期という。

　　一方， ^{14}C は宇宙からの放射線により大気中で生成されており，大気中では生成と崩壊がつり合って全体の炭素原子に対する ^{14}C の割合は一定に保たれている。この ^{14}C は，二酸化炭素の一部になって植物の光合成などにより生物の体内に取り込まれ，食物連鎖により生物間を移動していくため，生物が生きている間は体内に含まれる ^{14}C の割合は大気中と同じだが，生物が死ぬと，外部から取り入れられることがなくなり，生物の死がいに含まれる ^{14}C の割合は時間とともに減りはじめる。したがって，化石に含まれる ^{14}C の割合を調べることで，この生物が生存していた時期を推定することができるのである。

　　いま，ある地層から産出された貝殻を調べたところ， ^{14}C の割合が，現在生きている貝の殻に含まれる ^{14}C の割合の12.5％だった。 ^{14}C の半減期から考えて，この貝が生存していたのは何年前と推定されるか。整数で答えよ。

(北海道・函館ラ・サール高)

4編 **実力テスト** 時間 **50**分 合格点 **70**点 得点 ／100

解答 別冊 *p.64*

1 次の各問いについて，文中の（　）にあてはまる語句をそれぞれ解答群から1つずつ選び，記号で答えなさい。(24点)

(1) 現在使われている地震の震度階級は，最も大きな階級が（　①　）で，最も小さい階級が（　②　），大きいほうから5番目の階級が（　③　）である。(各3点)

ア　10　　　　イ　8　　　　　ウ　7

エ　6強　　　オ　5強　　　　カ　5弱

キ　1　　　　ク　0

(2) （　①　）は古生代の，（　②　）は新生代第三紀の代表的な示準化石として知られている。(各3点)

ア　アンモナイト　　　イ　恐竜

ウ　三葉虫　　　　　　エ　ビカリア

オ　マンモス

(3) 雲仙普賢岳のようなドーム状(おわんをふせた形)の火山は，ねばりけの（　①　）なマグマがふき出したもので，その噴火は（　②　），火山噴出物の色は（　③　）。(各3点)

ア　大き　　　　　イ　小さ

ウ　激しく　　　　エ　おだやかで

オ　黒っぽい　　　カ　白っぽい

（東京・お茶の水女子大附高）

2 表1は含まれる造岩鉱物の種類と分量の割合，および組織によって火成岩を分類したものである。たとえば，有色鉱物の割合が40％を越えたもののうち斑状組織だとC，等粒状組織だとFになる。また，採取した3個の火成岩(サンプル a, b, c)について，造岩鉱物の種類と分量の割合〔％〕は表2の通りであった。なお，サンプルaには石基はみられず，大きな鉱物の結晶のみでできている。一方，サンプルb, cは石基と，その間の比較的大きな結晶の部分とからできている。これらについて，あとの問いに答えなさい。(26点)

表1

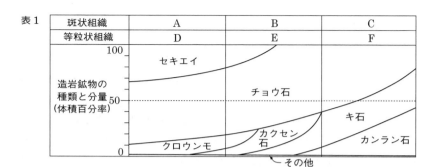

斑状組織	A	B	C
等粒状組織	D	E	F

造岩鉱物の種類と分量（体積百分率）

表2

	セキエイ	チョウ石	クロウンモ	カクセン石	キ石	カンラン石	その他
サンプル a	30	56	13	0	0	0	1
サンプル b	7	70	0	17	5	0	1
サンプル c	0	42	0	0	30	27	1

(1)　次の①～⑥にあてはるものを表1のA～Fから1つずつ選べ。ただし，同じものを何度選んでもよい。(各2点)

①　マグマが地表または地表近くで急に冷えてできた。無色鉱物が85％以上あり，非常に白っぽい。

②　マグマが地下深くでゆっくり冷えてできた。無色鉱物が60％以下であり，非常に黒っぽい。

③　マグマが地表または地表近くで急に冷えてできた。キ石やカクセン石を含むが，カンラン石は含まない。成層火山をつくる。

④　マグマのねばりけが強いため激しい噴火をし，傾斜の急な火山をつくる。有色鉱物を15％ぐらい含む。

⑤　マグマのねばりけが弱く，ハワイの火山のように溶岩流となり，傾斜の緩やかな火山をつくる。

⑥　マグマが地下深くでゆっくり冷えてできた。決まった方向に薄くはがれる六角板上の黒色鉱物を含む。

(2)　サンプル b，cの組織にみられる大きな結晶は石基に対して何とよばれるか。(4点)

(3)　サンプル a，b，cは，どのように分類されるか。表1のA～Fの記号で答えよ。(各2点)

(4)　安山岩はサンプル a，b，cのうちどれか。(4点)

（愛媛・愛光高）

3 ある地震が発生したときのゆれについて、いくつかの地点での地震計の記録を調べた。その結果、地震計に記録されたゆれの大きさやゆれの始まった時刻は各地点で異なっているが、いずれの地点も図1のように、はじめに小さなゆれがあり、ついで大きなゆれが記録されていた。そこで、この特徴に注目して、各地点について、はじめの小さなゆれが始まった時刻 a と、その後の大きなゆれが始まった時刻 b をまとめたのが下の表である。

これについて、下の(1)〜(3)に答えなさい。なお、地下を構成する岩石など、地震のゆれが伝わる条件は一定であるとする。また、ゆれやすさなどの条件はどの地点も同一であるとする。(25点)

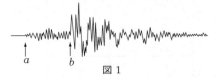

図1

観測地点	時刻 a	時刻 b
地点1	11時18分38秒	11時18分56秒
地点2	11時18分30秒	11時18分42秒
地点3	11時18分54秒	11時19分24秒

(1) 表の3つの観測地点のうち、ゆれが最も大きいのは、どこだと考えられるか。「地点1」、「地点2」、「地点3」のいずれかで答えよ。(5点)

(2) 表の観測結果をもとに、ゆれの始まった時刻と初期微動継続時間との関係を表すグラフを作成することで、震源における地震発生時刻を推測できる。次の図2を利用して、地震の発生時刻として最も適当なものをあとのア〜オから1つ選べ。(10点)

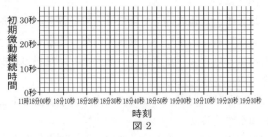

図2

ア　11時18分00秒　　イ　11時18分06秒
ウ　11時18分14秒　　エ　11時18分22秒
オ　11時18分30秒

(3) 地点1が震源から148kmの距離にあったとすると、地下を伝わってくる2種類の地震の波のうち、速いほうの波(P波)の速さはおよそ何km/sであると推定されるか。なお、答えは小数第2位を四捨五入して小数第1位まで書け。(10点)

(国立高専)

4 ある地域において，A〜Cの3地点で地層の重なり方を調べた。図1はこの地域の地形図であり，図中の線は等高線，数値は標高を表している。図2は各地点で調べた結果を柱状図で表したものである。なお，この地域では₁石灰岩の層は1つしかなく，地層には上下の逆転や断層は見られない。また，各層は平行に重なり，₂東西南北のある一方向にのみ傾いている。次の問いに答えなさい。(25点)

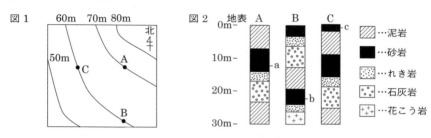

(1) 泥岩，砂岩，れき岩の3つを区別する基準になるのは，次のア〜オのうちのどれか。(5点)

　　ア　岩石の色

　　イ　岩石を構成する粒子の大きさ

　　ウ　岩石を構成する粒子の固さ

　　エ　岩石を構成する粒子の形

　　オ　岩石中に含まれている化石

(2) 下線部1について，この石灰岩の層でアンモナイトの化石が見つかり，この層が堆積した時代がわかった。このように地層が堆積した時代を知るのに役立つ化石を何というか。また，この石灰岩の層が堆積した時代を次のア〜エから1つ選べ。(各5点)

　　ア　古生代

　　イ　中生代

　　ウ　新生代古第三紀〜新第三紀

　　エ　新生代第四紀

(3) 図2のa〜cの砂岩層について，堆積した時代が古い順に並べよ。(5点)

(4) 下線部2について，この地域の地層はどの方向に向かって低くなっていると考えられるか。東西南北で答えよ。(5点)

(高知学芸高)

□ 執筆協力　西村賢治
□ 編集協力　㈱ファイン・プランニング　出口明憲　矢守那海子
□ 図版作成　㈱ファイン・プランニング　小倉デザイン事務所　藤立育弘

シグマベスト
最高水準問題集　特進
中1理科

本書の内容を無断で複写（コピー）・複製・転載することを禁じます。また，私的使用であっても，第三者に依頼して電子的に複製すること（スキャンやデジタル化等）は，著作権法上，認められていません。

編　者　文英堂編集部
発行者　益井英郎
印刷所　TOPPANクロレ株式会社
発行所　株式会社文英堂
〒601-8121　京都市南区上鳥羽大物町28
〒162-0832　東京都新宿区岩戸町17
（代表）03-3269-4231

●落丁・乱丁はおとりかえします。

最高水準問題集

特進

中1理科

解答と解説

文英堂

1編 いろいろな生物とその共通点

1 身のまわりの生物の観察

▶**1**
ア

解説 ルーペを使うときは必ず目に近づけて持つ。観察物を手に持って動かせるときは観察物を前後に動かし，観察物を動かせないときはルーペを近づけた顔を前後に動かして，よく見える位置を探す。

ルーペの使い方 最重要
①ルーペは目に近づけたまま離さない。
②ルーペと観察物の距離を調節してピントを合わせる。

▶**2**
ウ

解説 スケッチをするときは，細くけずった鉛筆で，観察物の特徴がわかるように，影をつけずに細部をはっきりと表す。また，見えるものすべてをかくのではなく，目的とするものだけを対象にして正確にかく。線を重ねがきしたり，ぬりつぶしたりしてもいけない。

▶**3**
ウ，オ

解説 鏡筒上下式顕微鏡とステージ上下式顕微鏡は，プレパラートをつくってプランクトンなどを観察するもので，双眼実体顕微鏡は，メダカの卵などをそのまま両目で観察できるものである。
ア：× 学校で使う鏡筒（ステージ）上下式顕微鏡は 40 〜 600 倍程度，双眼実体顕微鏡は 20 〜 40 倍程度。
イ：× 鏡筒（ステージ）上下式顕微鏡も双眼実体顕微鏡もカラーで観察できる。
ウ：○ 鏡筒（ステージ）上下式顕微鏡はプレパ

ラートをつくって試料をうすくしてから観察するが，双眼実体顕微鏡はそのまま両目で観察できる。
エ：× 鏡筒（ステージ）上下式顕微鏡も双眼実体顕微鏡も動くものを観察できる。
オ：○ 鏡筒（ステージ）上下式顕微鏡はプレパラートをつくって試料をうすくし，片目で観察するので平面的にしか見ることができないが，双眼実体顕微鏡は観察物をそのまま両目で見るため立体的に見える。

▶**4**
(1)○ (2)× (3)×

解説 (2)調節ねじを回して鏡筒を動かし，ピントを合わせる。
(3)顕微鏡の倍率は，対物レンズの倍率に接眼レンズの倍率をかけた数値である。

スケッチのしかた 最重要
よくけずった鉛筆を使い，細い線ではっきりとかく。輪郭の線を重ねがきしたり，ぬりつぶしたり，影をつけたりしない。

▶**5**
×

解説 ①しぼりは明るさの調整をするところで，倍率の調整をするところではない。
②しぼりを開くと視野は明るくなる。
③顕微鏡で観察を行うときは，どのようなときでもしぼりの調節は必要である。

▶**6**
(1)イ (2)ウ

解説 (1)15 は 400 の約数ではないので，接眼レンズは 10 倍のものを使っていたことがわかる。よって，変えたあとの対物レンズの倍率を x〔倍〕とすると，$10 \times x = 400$　$x = 40$〔倍〕
(2)図 1 の目盛りと比較すると 2 目盛り分である。図 1 の 2 目盛りは 2mm であるが，図 1 は 40 倍，図 2 は 400 倍なので，オオカナダモの 1 つの細胞の大きさは 2mm の $\frac{1}{10}$ 倍である。

▶7
ウ

解説 カントウタンポポが見られる畑のまわりや寺社などは人があまり通らないところである。これに対してセイヨウタンポポが見られる舗装道路のわきや造成地などは人がよく通る地域である。Bはカントウタンポポが見られる場所なので，人があまり通らないウの庭区域であると考えられる。むかしから日本にあったカントウタンポポやカンサイタンポポに対して，セイヨウタンポポは外国からもちこまれた帰化植物である。セイヨウタンポポは，自家受粉して子孫を残す割合が高いことや，ほかのタンポポよりふみつけに強いなどの特徴をもっているため，日本中に広がりつつある。

> **トップコーチ**
> **●外来生物**
> 身のまわりの植物を観察すると，外国からの荷物や人によってもちこまれた外来生物が見られる。これは，都心や開発された土地に多く見られ，都市化の目安となる。
> 都市化された地域は海外との流通が多く，荷物などに種子などがまぎれやすいことなどが原因としてあげられる。セイヨウタンポポ，セイタカアワダチソウ，ハルジオン，ヒメジョオン，ブタクサ，シロツメクサ，オオイヌノフグリなどは外来生物である。

▶8
(1) オ　(2) ウ　(3) エ

解説 (1)①は接眼レンズ，②は調節ネジ，③はレボルバー，④はステージ，⑤は反射鏡なのでオである。対物レンズは③のレボルバーの下に取りつけているレンズのことで，③は対物レンズではないことに気をつけること。
(2)レンズの中にほこりが入らないように，接眼レンズを取りつけてから対物レンズを取りつける(①)。→反射鏡で視野全体が明るくなるよう

にしたあと，さらにしぼりで明るさを調節する。プレパラートをステージにのせる前に明るさの調節をすることがポイントである(③→④)。→プレパラートをステージの上にのせる(②)。→横から見ながら対物レンズとプレパラートをできるだけ近づけ，接眼レンズをのぞいて対物レンズとプレパラートを遠ざけながらピントを合わせる。このような手順でピントを合わせるのは，対物レンズとプレパラートをぶつけてカバーガラスを割ったり，対物レンズを傷つけたりしないようにするためである(接眼レンズをのぞきながら対物レンズとプレパラートを近づけると，対物レンズとプレパラートをぶつけてしまうおそれがある)(⑤→⑥)。→ふたたびしぼりで明るさを調節する(④)。
(3)図2の「F」の文字と，図3の「F」の文字は向きが同じであるので，この顕微鏡では上下左右がそのままの向きで見えるといえる。一般の顕微鏡では上下左右が逆になって見えるので注意すること。よって，図4のようにミジンコが視野の左端に見えたということは，ミジンコが中央より少し左よりにいるということなので，これを中央に移動させるためには，プレパラートを右(エの向き)に動かせばよい。

> **顕微鏡の倍率と視野・明るさ** 最重要
> ①低倍率⇒視野が広く，明るい。
> ②高倍率⇒視野がせまく，暗い。

▶9
(1)イ
(2)イ

解説 観察物を手に持って動かせるときも，観察物が動かせないときも，ルーペは目に近づけたまま，観察物とルーペとの距離を変えてピントを合わせる。

2 植物の体の共通点と相違点

▶*10*
(1)ウ→エ→ア→イ
(2)イ，ウ　(3)ウ
解説　(1)花のつくりの中心から，めしべ，おしべ，花弁(花びら)，がくを花の4要素という。子房はめしべの一部で，種子は，受精後に子房の中の胚珠が成長したものである。
(2)被子植物は双子葉類と単子葉類に分類され，双子葉類は離弁花類と合弁花類に分類されるので，離弁花類は被子植物の双子葉類である。
(3)離弁花類で花弁やがくが4枚ずつあるので，このうちあてはまるのはアブラナ科の植物だけ。

▶*11*
(1)図2…ア　図3…カ
(2)名前…胚珠　記号…ク
(3)b…種子　c…果実　(4)ア，イ，ウ
(5)果実(種子)が風で運ばれるのを助ける。
解説　(1)(2)図1のaはめしべの柱頭，bは胚珠，cは子房である。図2のアはめしべの柱頭，イはおしべのやく，ウは花弁(花びら)，エはがく，オは子房である。図3のカはめしべの柱頭，キはおしべのやく，クは胚珠，ケは花弁(花びら)である。
(3)受精後，胚珠は種子に，子房は果実になる。
(4)(5)タンポポの花のめしべやおしべ，花弁はかれて落ちるが，がくと子房の間が伸びてがくが綿毛となり，風によって，子房(胚珠)が成長してできた果実(種子)を遠くへ運ぶ。

▶*12*
(1)カ　(2)オ　(3)(1)…ア　(2)…イ
(4)ウ　(5)オ
(6)エンドウ…ア，エ，カ
イチョウ…イ，エ，オ

解説　(3)受粉が行われると，子房が果実になり，胚珠が種子になる。
(4)エンドウなどのマメ科の植物の種子は，胚乳をもたない無胚乳種子なので，発芽のときの養分は子葉にたくわえられている。
(5)イチョウは裸子植物なので子房がなく，果実はできない。ギンナンをおおっている実のように見える部分は，種皮が変化して厚くなったものである。実のように見える部分を含めて，「ギンナン」ということもある。
(6)エンドウは被子植物で，花弁とみつで昆虫を引きよせて受粉する。イチョウは裸子植物で，花弁のない花を咲かせ，花粉は風で運ばれる。

▶*13*
(1)イ，ウ
(2)オ，カ，キ
解説　(1)胚珠に包まれているのは被子植物で，根に主根と側根の区別がないのは単子葉類である。被子植物の単子葉類はイのテッポウユリとウのツユクサである。アのナズナは双子葉類，エのマツとオのイチョウは裸子植物である。
(2)マツの花には花弁がないので，それを包むオのがくはない。また，裸子植物なので子房がないため，カの果実はできない。さらに，裸子植物の胚珠は雌花のりん片に直接ついているのでめしべはない。したがってキの柱頭もない。

▶*14*
エ
解説　ア：トウモロコシは雄花と雌花を咲かせるので正しくない。
イ〜エ：トウモロコシは単子葉類なので，子葉は1枚で，葉脈は平行脈である。また，根はひげ根になっている。したがって，エは正しいが，イ，ウは正しくない。

▶ 15

(1)裸子植物

(2)被子植物の胚珠は子房に包まれているが, 裸子植物には子房がなくて胚珠がむき出しになっている。

(3)2枚

(4)ウ, オ

解説 (1)(2)種子植物は, 胚珠が子房に包まれた花を咲かせる被子植物と, 子房がなくて胚珠がむき出しになっている花を咲かせる裸子植物に分けられる。

(3)被子植物は単子葉類と双子葉類に分けられる。問題文で, アオキの葉の葉脈が網目状であったということから, アオキは双子葉類であることがわかる(単子葉類の葉の葉脈は平行)。

単子葉類と双子葉類の特徴 最重要

	根	葉脈
単子葉類	ひげ根	平行脈
双子葉類	主根 側根	網状脈

(4)アオキと同じ双子葉類であるのは, ウのツツジとオのアサガオである。アのツユクサとカのトウモロコシとクのイネは単子葉類で, イのイチョウとエのアカマツとキのソテツは裸子植物である。

▶ 16

(1)胚珠

(2)双子葉類…主根と側根がある。
単子葉類…ひげ根である。

(3)ア, カ

解説 (1)被子植物は, 胚珠が子房に包まれているが, 裸子植物には子房がなくて胚珠がむき出しになっている。

(2)子葉が1枚の植物を単子葉類, 子葉が2枚の植物を双子葉類というが, 根・葉脈の特徴が異なるので, それぞれの特徴を覚えておくこと。

(3)合弁花類と離弁花類に分類されるのは双子葉類だけなので, 単子葉類や裸子植物はのぞかれる。アのアサガオとカのツツジは合弁花類, エのエンドウは離弁花類, イのツユクサとオのトウモロコシは単子葉類, ウのソテツとキのマツは裸子植物である。

▶ 17

(1)ウ (2)オ

解説 (1)裸子植物は樹木だけで, 草はない。また, エに対して, 裸子植物のなかにも両性花と見られているものもごく少数種あるが(化石種のベネチテス類), 「一般に」とあるので誤りとはいえない。

(2)シイは被子植物である。

▶ 18

(1)A・B・C・D…種子によって子孫を残す。
E・F…胞子によって子孫を残す。

(2)子房がなく, 胚珠がむき出しになっている。

(3)ア, エ

(4)ア

(5)葉・茎・根の区別がある。

解説 (1)A・B・C・Dは，種子をつくって子孫を残す植物（種子植物）である。E・Fは，胞子をつくって子孫を残す植物である。

(2)種子植物にとっての子にあたるものは，種子または種子になる胚珠である。子にあたる胚珠が子房によっておおわれた花をつける植物を被子植物といい，子房がなくて胚珠がむき出し（胚珠が裸の状態）の花をつける植物を裸子植物という。

(3)グループA・Bは双子葉類，グループCは単子葉類である。双子葉類（A・B）の根は主根と側根でできていて（イ），葉脈は網状脈になっている（ウ）。単子葉類（C）の根はひげ根になっていて（ア），葉脈は平行脈になっている（エ）。

(4)グループAは合弁花類，グループBは離弁花類である。

イ，ウ，オ：ユリとイネは単子葉類なので，A，Bともにあてはまらない。

ウ，エ：エンドウとサクラとカタバミは離弁花類である。

イ，ウ，エ，オ：ヘチマとアサガオとキクは合弁花類である。

(5)イヌワラビやスギナなどのシダ植物は葉・茎・根の区別があるが，スギゴケやゼニゴケなどのコケ植物は，葉・茎・根の区別がない。そのため，コケ植物は体全体から水分を吸収する（コケ植物には仮根という根のように見える部分があるが，体を地面などに固定するためのつくりである）。

▶**19**
(1)B…雄花　C…雌花
(2)**B**でできた花粉が**C**の胚珠に直接ついて受粉し，胚珠が成長して**A**の種子になる。
(3)ツユクサ
(4)ひげ根
(5)ふみつけに強い。

解説 (1)昨年の雌花だったマツカサの上に雄花が咲き，新しく伸びた枝の先端に雌花が咲く。

(2)マツは裸子植物で胚珠は子房に包まれていないため，Bの雄花のりん片でつくられた花粉がCの雌花のりん片の胚珠に直接ついて受粉する。受粉すると，胚珠は成長してAの種子となる。

●マツの胚珠はむき出しになっていて，雌花のりん片に２個ずつついている。

(3)(4)ツユクサは単子葉類なので根はひげ根になっているが，オオバコやヒメジョオンは双子葉類なので根は主根と側根からできている。

①双子葉類…根は主根と側根。葉脈は網状脈。
②単子葉類…根はひげ根。葉脈は平行脈。

(5)ヒメジョオンのように背が高い植物は，ふみつけに弱いため人がよく通るところでは育ちにくい。散歩道のように人がよく通るところでは，オオバコやタンポポなどのようにふみつけに強い背の低い植物が育ちやすい。

▶**20**
(1)オ
(2)ウ

解説 (1)タンポポやホウセンカは双子葉類なので，子葉は２枚，葉脈は網状脈で，根は主根と側根でできている。

(2)ウのオニユリのみ単子葉類なので，葉脈は平行脈で双子葉類の葉脈とは異なっている。

▶**21**
(1)①B　②５月　③イ
(2)①雌花…A　雄花…B
②A…オ　B…ア，エ　D…ウ

解説 (1)①森林 B は 11 月から 12 月にかけて大量に落葉しているので，落葉広葉樹からなる森林であると考えられる。
②常緑広葉樹からなる森林は森林 A。図 1 より，森林 A の落葉量が最も多い月は 5 月である。
③サクラ，イチョウ，モミジ(カエデ)は落葉広葉樹，スギは常緑針葉樹である。
(2)① C は昨年の雌花，D は一昨年の雌花である。C や D をマツカサという。
②アは花粉のう(やく)をもつ雄花のりん片，イはシダ植物の胞子のう，ウは種子，エは花粉，オは胚珠をもつ雌花のりん片，カはタンポポの花である。

トップコーチ

●樹木の分類

①常緑広葉樹…1 年中，平たくて，幅の広い葉をつける樹木。
    例 シイ，カシ，クス，ツバキ
②落葉広葉樹…秋から冬にかけて，平たくて幅の広い葉をすべて落とす。
    例 クヌギ，コナラ，サクラ，イチョウ
③常緑針葉樹…1 年中，針のように細長い葉をつける樹木。
    例 マツ，スギ，ヒノキ，モミ
④落葉針葉樹…秋から冬にかけて，針のように細長い葉をすべて落とす。
    例 カラマツ

▶**22**
(1) **d**　(2)**イ**
(3)**胞子**

解説 (1) a，b，c 全体で 1 枚の葉(a，c は葉の柄)である。d は茎(地下茎)，e は根，f は開く前の葉である。
(2)図 B の上図は胞子のうの集まりで，下図は胞子のうである。胞子のうは葉の裏側にできる。
(3)胞子のうのなかで胞子がつくられる。

▶**23**
①胚珠が子房につつまれているか，むき出しになっているか。
②葉・茎・根の区別があるか，ないか。
(a)種子植物　　(b)被子植物
(c)単子葉類　　(d)双子葉類
(1)栄養分を貯蔵しているため。
(2)名前…前葉体
はたらき…卵と精子を形成する。
(3)**ウ**
(4)エンドウの種子は子葉に，カキの種子は胚乳に栄養分を貯蔵している。

解説 (2)胞子が発芽して成長すると前葉体となり，前葉体の中でつくられた卵と精子が前葉体の上で受精し，受精卵から若い芽が育ってくる。
(3)木になっているものは種子で，果実のように見える部分は種皮が発達して厚くなったものである。イチョウは裸子植物で子房をもたないため，果実はできない。
(4)エンドウの種子は無胚乳種子なので，胚乳がなく，発芽のときの養分は子葉にたくわえられている。カキの種子は有胚乳種子なので，発芽のときの養分は胚乳にたくわえられている。

▶**24**
(1)**A，C**
(2)F：記号…**A**，名称…花粉
G：記号…**C**，名称…胞子のう
H：記号…**B**，
雌株
(3)**F**　(4)右図

解説 (1)Aはマツ，Bはゼニゴケ，Cはイヌワラビ，Dはスギゴケ，Eはワカメである。ワカメのような藻類は植物のなかまとはされず，独立したなかまとされている。また，マツなどの種子植物やイヌワラビなどのシダ植物は葉・茎・根の区別があるが，ゼニゴケやスギゴケなどのコケ植物やワカメなどの藻類は葉・茎・根の区別もないため，水分は体の表面から取り入れる。

(4)イヌワラビの茎は地下茎となっている。

> **トップコーチ**
> ●藻類の特徴
> 藻類は，光を受けて自分で栄養分をつくることができるが，植物のなかまには入れず，独立したなかまとなる。藻類は，シダ植物やコケ植物と同じように種子はつくらずに胞子でふえるものが多いが，藻類の中には単細胞生物もあり（ケイソウ，ミカヅキモなど），これらは分裂によってふえる。また，コケ植物と同じように葉・茎・根の区別もないため，水分は体の表面から取り入れる（根のように見えるのは仮根で，岩などにつくためだけのはたらきしかない）。海・川・池などの水中で生活している。
> **(例)**：ワカメ，コンブ，ノリ，アオミドロ，ツヅミモ，ケイソウ，ミカヅキモ

(3)シダ植物はイヌワラビである。ドクダミとモウセンゴケは種子植物（モウセンゴケは食虫植物として有名であるが，コケ植物ではないので注意すること），ゼニゴケはコケ植物である。

> **トップコーチ**
> ●シダ植物のふえ方
> シダ植物の胞子が地面に落ち，水分を含むと発芽する。これが成長すると，前葉体とよばれるハート形をしたものになり，そこで卵と精子がつくられる。前葉体が水分を含むと精子が卵のところまで泳いで行き，前葉体の上で受精が行われ，受精卵ができる。受精卵からは，若い芽・茎・根が育ち，胞子をつける葉を出すようになる。

3 動物の体の共通点と相違点

▶*26*

(1)エ，オ　(2)イ，カ，ク

解説 (1)成体が肺呼吸を行い変温動物であるのは，両生類とハチュウ類である。ウナギは魚類でえら呼吸，ペンギン(鳥類)とコウモリ(ホニュウ類)は恒温動物である。ウミガメはハチュウ類，ヒキガエルは両生類である。

(2)すべて，背骨があるセキツイ動物である。子のときから一生肺呼吸をするのはア，イ，エ，カ，クである。変温動物はウ，オ，キ，クである。胎生なのはイ，カである。

> **セキツイ動物の呼吸方法** 最重要
> ①一生えら呼吸…魚類
> ②子のときはえら呼吸，成体になると肺呼吸と皮膚呼吸…両生類
> ③一生肺呼吸…ハチュウ類，鳥類，ホニュウ類
> **セキツイ動物の体温**
> ①変温動物…魚類，両生類，ハチュウ類
> ②恒温動物…鳥類，ホニュウ類

▶*25*

(1)ウ　(2)イ　(3)イ　(4)前葉体

解説 (1)(2)(4)問題の図は，シダ植物の胞子が発芽してできた前葉体とよばれるものである。図は，前葉体の裏面で，イは卵をつくるところ，ウは精子をつくるところである。雨などにより前葉体の裏面が水分を含むと，精子が卵のほうへ泳いで行き，卵と合体して受精が行われる。

セキツイ動物の生まれ方
①卵生（水中・殻がない卵）…魚類，両生類
②卵生（陸上・殻がある卵）…ハチュウ類，鳥類
③胎生…ホニュウ類

▶**27**
A…変温動物か，恒温動物か。
B…卵生か，胎生か。
解説　A：①の魚類，③のハチュウ類，④の両生類は変温動物で，②の鳥類，⑤のホニュウ類は恒温動物である。
B：⑤のホニュウ類のみ胎生で，ほかはすべて卵生である。

▶**28**
(1)セキツイ動物
(2)E，F
(3)B・Cの卵には殻がないが，D・Eの卵には殻がある。
(4)イモリ，サンショウウオなどから１つ
解説　(1)B～Fの動物は背骨をもっている。
(2)恒温動物は，鳥類とホニュウ類である。
(3)魚類と両生類の卵には殻がないが，ハチュウ類と鳥類の卵には殻がある。
(4)カエルは両生類である。

▶**29**
(1)ア　(2)キ　(3)ケ　(4)オ　(5)ク　(6)ウ
解説　(1)体が外とう膜におおわれているのは，アサリなどの貝やタコ，イカなどの軟体動物の特徴である。
(2)ゾウリムシは１つの細胞だけでできている単細胞生物である。
(3)皮膚の下に骨片があり，骨片に硬いとげがあるのは，ヒトデなどの棘皮動物の特徴である。

(4)体表がキチン質で，脱皮しながら成長するのは，エビやカニなどの甲殻類の特徴である。
(5)カイメンとは，筋肉も消化管も感覚器官ももたない海綿動物の総称である。
(6)出芽でふえるのは，ヒドラの特徴である。ヒドラとはヒドラ科のヒドロ虫類の総称で，口と肛門に分かれていない未分化の消化管がある。

▶**30**
(1)ア犬歯　イ臼歯　ウ門歯　(2)ウ，オ
(3)頭骨…B
理由…門歯と臼歯が発達しているから。
(4)ア，ウ，カ
解説　(2)動物Aは犬歯が大きく発達し，臼歯が肉を切り裂きやすいようにギザギザになっているので肉食動物である。肉食動物のつめは獲物をとらえやすいように「かぎづめ」になっている。また，問題文中の図からもわかるように目が前方についているので，左右の目の視野が重なる部分（遠近感をとらえやすく，立体的にものが見える範囲）が広く，獲物との距離感をつかみやすい。
(3)動物Bの頭骨についている歯を見ると，草をかみ切るための門歯と，かみ切った草をすりつぶすための臼のような形の臼歯が大きく発達している。
(4)イ：ホニュウ類は胎生である。
エ：ホニュウ類などのセキツイ動物の骨格は内骨格になっている。
オ：内臓が外とう膜におおわれているのは軟体動物である。

▶**31**
(1)オ　(2)エ　(3)A　(4)脱皮
解説　(1)Aは，セキツイ動物である。
Bのメダカとトカゲにはうろこがあり，カラスには羽毛がある。
Cのメダカは魚類なので，えらで呼吸をする。また，カニなどのような水中で生活する甲殻

もえらで呼吸する。
Dのクジラはホニュウ類なので胎生である。
Eのカラスのような鳥類やクジラのようなホニュウ類は恒温動物である。
Fのクモなどのクモ類やカニなどの甲殻類は節足動物なので，体が外骨格というかたい殻でおおわれている。
(2)イカは軟体動物，シャチやイルカはホニュウ類，エビは甲殻類なので魚類ではない。イモリやカエルは両生類，ミジンコは甲殻類，ミミズは環形動物なのでハチュウ類ではない。コウモリ，モルモット，カモノハシ，ムササビはホニュウ類（カモノハシは卵生ホニュウ類）なので鳥類ではない。
(3)オオサンショウウオは両生類なので，成体は次のような特徴をもつ。
A：背骨がある→○。
B：うろこも羽毛もない→×。
C：成体は肺（と皮膚）で呼吸する→×。
D：卵生である→×。
E：変温動物である→×。
F：内骨格をもつ→×。
したがって，オオサンショウウオは，Aの特徴しかあてはまらない。
(4)クモやカニなどの節足動物は，内骨格はもっておらず，外骨格というかたい殻でおおわれているため，大きくなるときに外骨格を脱ぐ。これを脱皮という。

▶**32**
(1)**軟体動物** (2)**外とう膜** (3)A
(4)F (5)E (6)筋肉
解説 図1はイカ，図2はアサリである。
(1)〜(3)図1のイカやタコのなかま，および図2のアサリのような貝のなかまには骨格がなく，外とう膜（図1の①，図2のA）という部分に内臓が守られている。このような動物のなかまを軟体動物という。

(4)図2のアサリのえらはFである。えらはくしのようになっていて，表面積が大きくなっている。
(5)(6)図2のアサリのあしはEで，やわらかい筋肉でできている。

▶**33**
(1)イ，オ
(2)①イ ②ケ ③ク ④エ
　⑤オ ⑥コ ⑦ア ⑧ウ
(3)エ
(4)イ，カ
解説 (1)ア：ワカメなどの藻類は，種子をつくらず，胞子によってふえる。また，ワカメの岩場に付着している部分は根ではなく仮根である。
ウ：ワカメなどの藻類には根・茎・葉の区別はない。
エ：種子をつくらないので，花粉もつくらないし，めしべや柱頭もない。
(2)①はブリ，②はニギス，③はグジ，④はサヨリ，⑤はトビウオ，⑥はメバル，⑦はタチウオ，⑧はハタハタである。アンコウやマダイの図は，①〜⑧の図の中にはない。
(3)ア：ウナギは海で産卵し，川をさかのぼりながら成長する。
イ，ウ，オ：アンコウ，トビウオ，タイは一生海で生活している。
(4)ア：シロイカやアキイカなどのイカのなかまは軟体動物なので，背骨をもたない。
ウ：ズワイガニなどの甲殻類も卵生である。
エ：カキは二枚貝である。
オ：トリガイは二枚貝なので，軟体動物である。
キ：シロイカやアキイカなどのイカのなかまは10本のあし（腕）をもっている。ズワイガニなどのカニのなかまも10本（はさみの部分も含む）のあしをもっている。しかし，タラバガニのあしははさみの部分も含めて8本しかない。その理由は，タラバガニはカニのなかまではなく，ヤドカリのなかまだからである。

▶*34*

(1)セキツイ動物

(2)① g，j　② b，e

③ a，h　④ d，f

(3)① オ　② エ　③ イ

解説 (1) a のチャボはニワトリのなかま，c のインパラはウシのなかまである。

(2)①ハチュウ類の特徴。②魚類の特徴。③鳥類の特徴。④両生類の特徴。

(3)①胎生であるのはホニュウ類のみ。

②恒温動物はホニュウ類と鳥類。

③両生類は幼生のときはえら呼吸を行い，成体になると肺呼吸と皮膚呼吸を行う。

▶*35*

(1)オオサンショウウオ

(2)イ　(3)ウ

(4)イ　(5)ア

解説 (1)(2)オオサンショウウオは両生類で，特別天然記念物である。

(3)両生類の卵は殻がなく，寒天質に包まれていて，水中に産み出される。

(4)両生類は魚類から進化したもので，ひれはないが，サンショウウオやイモリなどの有尾類は魚類のように体を左右にくねらせて泳ぐ（カエルは無尾類とよばれ，成体は後足で水をけって泳ぐ）。

(5)サワガニやオオサンショウウオは，水源付近のきれいな水があるところに生息している。

┌─────────────────────┐

トップコーチ

●**水質指標生物**

①きれいな水…サワガニ，ウズムシ類など。

②少しきたない水…ゲンジボタル，カワニナ，ヤマトシジミ，スジエビなど。

③きたない水…ヒル類，タニシ類，ミズムシ，ミズカマキリなど。

④たいへんきたない水…アメリカザリガニ，サカマキガイ，セスジユスリカなど。

└─────────────────────┘

▶*36*

①小さく　②熱の放散

解説 体全体が大きくなると，全体の体積に対する体表面の面積の割合は小さくなる。これは，1 辺が 1m の立方体（体積は $1m^3$ で，表面積が $6m^2$）に対して，1 辺が 2m の立方体の体積は 8 倍の $8m^3$ になるが，表面積は 4 倍の $24m^2$ にしかならないことからもわかる。また，体からの突出物が短かったり数が少ないほど，表面積が小さくなり，熱の放散も小さくなる。

1編 実力テスト

▶ 1

(1)①キ　②ク

(2)(プレパラートを)右に動かす。

(3)ウ

解説 (1)①接眼レンズをのぞきながら，キの反射鏡を動かして，視野全体が明るくなるように調節する。

②ステージを上下させてステージ上のプレパラートと対物レンズの間の長さを変化させるのは，クの調節ねじである。

(2)「5」の文字の上下左右が反対に見えたことから，この顕微鏡では上下左右が反対に見えることが確認できる。よって，右端に見える「＊」は，実際には左端にあるので，これを中央に移動させるためにはプレパラートを右に動かせばよい。

(3)線の間隔も10倍になるので真ん中の線しか見えず，線の太さも10倍に見える。

▶ 2

(1)(a)イ　(b)ア　(c)イ

(2)カ，キ

(3)ア…②，やく　イ…①，柱頭

ウ…⑤，子房(胚珠)　エ…④，がく

解説 (1)タンポポはキク科なので，双子葉類である。双子葉類の葉脈は網状脈で，根は主根と側根からできている。

(2)ハルジオンとヒマワリはキク科である。また，カタクリとチューリップはユリ科，シクラメンはサクラソウ科，スミレはスミレ科，ハスはハス科の植物である。

(3)①はめしべの柱頭で，ここに花粉がつく(受粉)。②はおしべのやくで，ここで花粉がつくられる。③は花弁(花びら)で，5枚の花弁がくっついて1枚のように見える。④はがくで，花弁が落ちたあと，これが広がって綿毛に変化する。⑤は子房で，胚珠と一体化しており，これが実(種子)になる。

▶ 3

(1)C　(2)胞子　(3)イ，ケ

解説 (1)エンドウは種子植物の中の被子植物で，双子葉類の中の離弁花類である。

(2)種子をつくらない植物であるシダ植物とコケ植物は，胞子をつくってふえる。

(3)イのスギゴケはコケ植物，ケのスギナはシダ植物で，その他はすべて種子植物である。

▶ 4

(1)A…エ，B…ア，C…イ　(2)有胚乳種子

(3)ウ，カ　(4)イ

解説 (1)(2)A：玄米から発芽していることから，玄米が種子であるといえる。

B：白米は発芽しないことから，白米は発芽して体に育つ部分である胚が取り除かれているといえる。

C：イネは有胚乳種子なので，胚を取り除いて残った部分である白米は胚乳の部分であるといえる。

(3)トウモロコシなどのような単子葉類の種子は有胚乳種子である。また，双子葉類で有胚乳種子をつくるのは，カキなどのような数少ない植物である。

(4)イでは，体に育つ部分である胚がすべて取り除かれているので発芽しない。

▶ 5

(1)節　(2)外とう膜

解説 (1)カニや昆虫などの体をおおっているかたい殻を外骨格といい，筋肉は外骨格の内側についている。そして，全身の外骨格が筋肉によってつなげられている部分を節といい，ここで関節のように折り曲げることができる。

(2)イカやタコ，貝類などの軟体動物は，内臓が外とう膜でおおわれている。

6

(1)イ，ウ　(2)ア，ウ，オ
(3)軟体動物　(4)外とう膜

解説　(1)ア：鳥類は恒温動物である。
エ：ハチュウ類は，一生肺呼吸を行う。
(2)～(4)イカ，タコ，カタツムリ（マイマイ），ア
サリ（貝類）などのように骨格をもたず，内臓が
外とう膜におおわれている動物を軟体動物とい
う。

7

(1)①外骨格　②脱皮　③変態
(2)ウ　(3)エ

解説　(1)①昆虫や甲殻類などのような節足動
物は，外骨格というかたい殻で体がおおわれて
いる。
②外骨格は伸びないので，成長するときは古い
外骨格を脱いで大きくなる。これを脱皮という。
③昆虫も，幼虫と成虫では体のつくりが変化し
ている。また，甲殻類であるエビやカニなども，
幼生と成体では大きく体のつくりが変化してい
る。このように，幼生（幼虫）から成体（成虫）に
なるときに形態や生活様式を大きく変えること
を変態という。
(2)アキアカネなどのトンボのなかまの幼虫をヤ
ゴといい，水中でえらを使って呼吸する。これ
が成虫になると，気門で空気を出し入れして，
気管で呼吸を行うようになる。
(3)カエルやイモリなどのように，両生類の幼生
と成体は，形態や生活様式が大きく変化する
（例：オタマジャクシ（幼生）とカエル（成体））。

2編 身のまわりの物質

1 物質の性質

37

(1)有機物
(2)区別できた。
(3)食塩
(4)**a，イ**

解説　(1)炭素を含んでいて，加熱すると燃え
て二酸化炭素を出したり，黒くこげて炭（炭素）
が残ったりする物質を有機物という。
(2)(3)重曹は炭酸水素ナトリウムの別名である。
操作１より，ＡとＢは石灰石の粉と小麦粉の
いずれかであることがわかる。操作２より，Ｄ
とＥは食塩と重曹のいずれかで，Ｃは砂糖で
あることがわかる。操作３より，ＡとＤは重
曹と石灰石の粉のいずれかであることがわかる
（どちらも二酸化炭素が発生する）。操作４より，
ＢとＣは砂糖と小麦粉のいずれかで，Ｄは重
曹であることがわかる（炭酸水素ナトリウムを
加熱すると，炭酸ナトリウムと二酸化炭素と水
に分解される）。これらを総合すると，Ａは石
灰石の粉，Ｂは小麦粉，Ｃは砂糖，Ｄは重曹，
Ｅは食塩であることがわかる（操作１～３のみで，
すべて区別できる）。
(4)ａは空気調節ねじ，ｂはガス調節ねじである。
また，２つのねじは，アのように反時計回りに
回すと開き，イのように時計回りに回すと閉じ
る。

38

(1)ア，ウ，オ
(2)カ

解説　(1)金属の共通の特徴には，「みがくと
光る（金属光沢がある）」「たたいて広げたり（展
性），引っ張って伸ばしたり（延性），折り曲げ

たりすることができる」「電流が流れやすく，熱が伝わりやすい」などがある。また，金属は，すべて無機物に分類される。さらに，単体の金属はすべて純粋な物質なので，融点は各物質によって一定である。

(2)実験1より，金属Aより金属Bのほうが密度が大きいことがわかる。実験2より，Bはアルミニウムであることがわかる。実験3より，Cは鉄であることがわかる。これらを総合すると，Aはマグネシウム，Bはアルミニウム，Cは鉄であることがわかる（実験1～3のいずれか2つの実験だけで，A～Cを区別することができる）。

▶ *39*

(1) **14g/cm³**

(2) **75cm³**

(3) **84g**

解説 (1)金19gは1cm³，銀22gは2cm³なので，合金Aの質量は41g，体積は3cm³である。よって，合金Aの密度は，

$$\frac{41〔g〕}{3〔cm^3〕}=13.6\cdots=約 14〔g/cm^3〕$$

(2)合金B100cm³の質量は1700gである。合金B100cm³の中の金の体積をx〔cm³〕とすると，次の式が成立する。

$$19x+11(100-x)=1700 \quad x=75〔cm^3〕$$

(3)合金B100cm³の中の金の質量は，

$$19〔g/cm^3〕× 75〔cm^3〕=1425〔g〕$$

合金B1700g中に含まれている金が1425gなので，合金B100g中の金をx〔g〕とすると，

$$1700：100=1425：x$$

$$x=83.8\cdots=約 84〔g〕$$

密度 最重要

① 密度⇨物質1cm³あたりの質量

② 密度〔g/cm³〕＝ $\dfrac{質量〔g〕}{体積〔cm^3〕}$

③ 密度は，物質と状態や温度などによって決まっている。

▶ *40*

(1) **A，H**

(2) **二酸化炭素**

(3) **イ，ウ，オ，ク**

(4) **手であおぐようにしてかぐ。**

(5) **赤色（うすい赤，桃，ピンク，赤紫も可）**

(6) **A**

(7) **C…炭酸カルシウム D…酸化銀 E…水酸化ナトリウム**

解説 (1)(2)(5)(7)実験1より，CとDは炭酸カルシウムと酸化銀のいずれかで，Fは塩化銅であることがわかる。

実験2より，Cは炭酸カルシウムで，発生した気体aは二酸化炭素であることがわかる（したがって，Dは酸化銀である）。

実験3より，Aはベーキングパウダー（主成分は炭酸水素ナトリウムで，炭酸水素ナトリウムを加熱すると二酸化炭素と水と炭酸ナトリウムに分解される）で，Gは炭酸ナトリウムであることがわかる。

実験4で，フェノールフタレイン溶液はアルカリ性の水溶液に加えると赤色になる。A，E，Gは水に溶けてアルカリ性を示すことになるので，Eは水酸化ナトリウムであることがわかる（AとGはすでに判明しているため）。

実験5で見られた結晶は塩化ナトリウム（食塩）の結晶なので，Bは塩化ナトリウムであることがわかる。

したがって，残っているHは砂糖であるといえる。また，Aのベーキングパウダーには炭酸水素ナトリウムのほかにコーンスターチや焼ミョウバンなどが含まれている。Hの砂糖の主成分はショ糖（スクロース，化学式$C_{12}H_{22}O_{11}$）であるが，一般的に売られている砂糖はサトウキビやサトウダイコン（テンサイ）など自然のものからつくられているため，ブドウ糖（グルコース，化学式$C_6H_{12}O_6$）や果糖（フルクトース，化学式$C_6H_{12}O_6$）などのほかの物質も混ざっている。

(3)二酸化炭素は，重さが空気の約 1.5 倍で，無色無臭の気体である。水には少し溶け，その水溶液は弱い酸性を示す。また，石灰水に通すと水に溶けない白色の固体である炭酸カルシウムができるため，石灰水が白くにごる。

(4)気体には有毒のものや刺激臭がするものもあるので，においをかぐときは手であおぐようにしてかぎ，一度に大量の気体を吸いこまないようにする。

(6)Aのベーキングパウダーに含まれる炭酸水素ナトリウムは水に少ししか溶けず，その水溶液は弱いアルカリ性を示す。これに対して，Eの水酸化ナトリウムやGの炭酸ナトリウムは水によく溶け，その水溶液は強いアルカリ性を示す。したがって，それぞれの水溶液にフェノールフタレイン溶液を加えたとき，Aの水溶液はうすい赤色にしかならないが，EやGの水溶液は濃い赤色になる。

▶**41**

(1)A…ウ　B…オ　C…イ　D…ク

(2)有機物

(3)①イ　②**1.5cm³**　③ウ

解説　(1)A，C：白色の固体で水に溶けるのはア，イ，ウである。これを加熱すると，アの炭酸水素ナトリウムは水と二酸化炭素が発生し，イの砂糖を加熱すると黒くこげ，ウの食塩を加熱しても変化しない。よって，Aは食塩，Cは砂糖である。

B：黒色に見えると考えられる物質は鉄だけである。

D：白色の固体で水に溶けにくいのはキ，クである。これを加熱すると，キの石灰石は変化しないが，クのデンプンは黒くこげる。

(2)砂糖やデンプンのように，炭素を含んでいて，加熱すると燃えたり黒くこげたりして二酸化炭素を発生させる物質を有機物という。

(3)①水平部分を真横から読む。

②1目盛りは0.2cm³ を示している。よって，

11.5cm³ を示している。したがって，金属のかたまりの体積は，

$$11.5 - 10.0 = 1.5〔cm³〕$$

③ $\dfrac{13.3〔g〕}{1.5〔cm³〕}$ = 8.86…= 約 8.9〔g/cm³〕

有機物と無機物 最重要

①有機物…炭素を含んでいて，加熱すると燃えたりこげたりして二酸化炭素を発生させる物質を，有機物という。

②無機物…有機物以外の物質を，無機物という。

※炭素，二酸化炭素，一酸化炭素は無機物である。

▶**42**

(1)エ

(2)金属 A…アルミニウム

金属 B の質量…**17.9g**

解説　(1)アルミニウム，亜鉛，鉄，銅，銀は，すべて金属である。金属を金づちでたたくとうすく広がり，水（1g/cm³）よりも密度が大きい（表からもわかる）。また，磁石につくのは鉄などの限られた金属だけであるが，電気はすべての金属がよく通す。

(2)金属Aの体積は金属Bの体積の2倍より大きいが，質量は金属Bより小さいので，金属Aの密度は金属Bの密度の2分の1より小さい。表より，密度がほかの金属の2分の1より小さいのはアルミニウムだけなので，金属Aはアルミニウムである。また，金属Bのかたまりの質量は金属A（アルミニウム）4.6cm³ の質量より 5.50g 大きいので，金属Bのかたまりの質量は，

$$2.70 × 4.6 + 5.50 = 17.92 → 17.9〔g〕$$

ちなみに，金属Bの密度は，

$$17.92 ÷ 2.0 = 8.96〔g/cm³〕$$

なので，金属Bは銅であることがわかる。

▶*43*

(1)一定量の水を入れたメスシリンダーに体積を測定する固体を入れ, 水面が上昇した分の体積を測定する。

(2)下図左

(3)鉄

(4)下図右

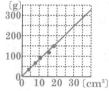
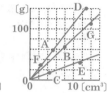

(5)3種類

(6)下図

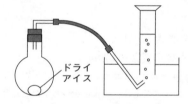

ドライアイス

(7)液面の低いところの値を読みとる。

(8)意見①に対して…(例)B君の意見は正しいので, ドライアイスを丸底フラスコに入れて密閉してから実験装置ごと質量をはかり, あとで実験装置の質量を引けばよかったのではないかと思う。

意見②に対して…(例)二酸化炭素は空気より重いのでフラスコ内に沈むため, 水に溶けにくい空気が押し出されてくる。よって, この実験で使った丸底フラスコの容積である**1L**までは二酸化炭素はフラスコから出てこないので正確にはかることができる。この実験でメスシリンダー内に集められた気体は**0.675L**なので問題はない。

解説 (1)水に溶けない物質でできていて, 形が複雑な固体の体積をはかるためには, メスシリンダーなどに入った水に固体を入れて, 物体に押しのけられて上昇した分の水の体積をはかればよい。

(2)各点をグラフにとり, 近くを通る直線を引くと, 原点を通る直線となり, すべて密度が同じであることがわかり, 同じ物質であるといえる。

(3)グラフより, $25cm^3$ のときの質量が約 $200g$ となっている。

よって, この物質の密度は,

$$200(g) \div 25(cm^3) = 8(g/cm^3)$$

となる。この数値と密度が最も近いのは鉄。

(4)(5)表2の各点をグラフにとり, 原点と近くを通る直線を引くと, 3本の直線が引ける。このとき, 同じ直線上となるものは密度が同じなので, 同じ種類の物質であるといえる。したがって, 3本の直線が引けたということは, 3種類の物質(金属)があるといえる。

(6)丸底フラスコから出ていく気体を水上置換法でメスシリンダーに集める図とする。フラスコ内にはドライアイスが入っている図とすること。

(7)メスシリンダーの表面にふれている部分だけ少し高くなっているので, 誤差をできるだけ小さくするために, そこより少し下がった水平面(大部分がこの高さである)の高さを読みとる。

(8)意見①は正しいので, 改良方法をつけておくとよい。意見②はまちがいなので, その理由をわかりやすく説明する。

2 気体の発生と気体の性質

▶ **44**

(1)エ　(2)オ　(3)オ

解説　(1)二酸化炭素が水に溶けると，その水溶液は酸性を示す。酸性の水溶液を青色リトマス紙につけると赤色に変化するが，赤色リトマス紙につけても変化しない。したがって，水にぬらした赤色リトマス紙を二酸化炭素にふれさせてもリトマス紙の色は変化しない。

(2)オキシドールと二酸化マンガンを反応させると酸素が発生する。また，石灰石とうすい塩酸を反応させると二酸化炭素が発生する。

(3)酸素のように，水にわずかしか溶けない（溶けにくい）気体は水上置換で集める。これは，水上置換は上方置換や下方置換に比べて，「空気が混じりにくい」「集めた気体の量がわかる」などの利点があるためである。しかし，アンモニアのように非常に水に溶けやすい気体は水上置換で集めることができないため，空気より密度が大きい気体は下方置換で集め，アンモニアのように空気より密度が小さい気体は上方置換で集める。

▶ **45**

(1)ウ

(2)記号…ウ　集め方…水上置換（法）

(3)気体 A

(4)非常に水に溶けやすいという性質

解説　(1)水酸化カルシウムと塩化アンモニウムを混ぜて加熱すると，アンモニアが発生すると同時に水もできる。生じた水が熱しているところに流れこむと，熱せられていた試験管が急に冷やされて割れるおそれがあるので，試験管の口のほうを少し下げ，生じた水が熱しているところに流れこまないようにする。

(2)亜鉛にうすい塩酸を加えると水素が発生する。水素は水に溶けにくい気体なので，ウのように水上置換で集める。

(3)(4)ベーキングパウダーを加熱したときに発生する気体Cは二酸化炭素である。ベーキングパウダーの主成分は炭酸水素ナトリウムであり，これを加熱すると炭酸ナトリウムと二酸化炭素と水に分解される。また，うすい過酸化水素水に二酸化マンガンを加えたときに発生する気体Dは酸素である。気体Bの水素，気体Dの酸素は水に溶けにくいので，ほとんど水は試験管内に入ってこない。気体Cの二酸化炭素は少し水に溶けるが，たいした量ではないので，水は少しだけ試験管内に入る程度である。気体Aのアンモニアは，非常に水に溶けやすいので，試験管内のアンモニアはほとんど水に溶けて試験管内の気圧が下がる。そのため，水が激しく試験管内に入ってくる。

酸素のおもな性質 最重要
①水への溶けやすさ⇨溶けにくい
②におい⇨なし
③色⇨なし
④空気と比べた重さ⇨少し重い

酸素のその他の性質 最重要
物が燃えるのを助けるはたらき（助燃性）がある。⇨酸素の中に火のついた線香を入れると，線香が炎をあげて激しく燃える。

▶ **46**

(1)名称…二酸化炭素
集め方…水上置換（または下方置換）

(2)イ

(3)①あわが出なくなるまでうすい塩酸を加える。

② **10g**

解説　(1)貝がらの主成分は炭酸カルシウムであり，これは石灰石の主成分である。よって，貝がらにうすい塩酸を加えると二酸化炭素が発生する。二酸化炭素は水に少し溶けるが，たいした量ではないので，一般的には水上置換で集

める。ただし，空気よりも明らかに重い（約
1.5倍）ので，下方置換で集めてもよい。
(2)二酸化炭素は無色無臭の気体で，水に少し溶
け，その水溶液（炭酸水）は弱い酸性を示す。
(3)① $5a$〔g〕の貝がらに含まれている炭酸カル
シウムをすべて溶かさなければならない。塩酸
を加えても気体が発生しなくなれば，炭酸カル
シウムがすべて溶けたと考えられる。
②うすい塩酸がじゅうぶんにあれば，発生する
気体の体積は貝がらの質量に比例する。$3a$〔g〕
の貝がらで6gの気体が発生しているので，$5a$
〔g〕の貝がらがすべて反応したときに発生する
気体の質量を x〔g〕とすると，

$$3a：6＝5a：x \qquad x＝10〔g〕$$

> **二酸化炭素のおもな性質** 最重要
> ①水への溶けやすさ⇨少し溶ける
> ②水溶液の性質⇨酸性
> ③におい⇨なし
> ④色⇨なし
> ⑤空気と比べた重さ⇨重い
> **二酸化炭素のその他の性質** 最重要
> ①石灰水に通すと白くにごる。⇨水に溶け
> にくい白い固体である炭酸カルシウムが
> できるためである。
> ②石灰水や水酸化ナトリウム水溶液などの
> アルカリ性の水溶液によく溶ける。

▶**47**
(1)オ （2)イ （3)ウ

解説 (1)水素は，無色無臭で，水に溶けにく
く，最も軽い気体である。空気中にはほとんど
含まれず，燃えると酸素と結びついて水になる。
(2)金属Bは，うすい塩酸の量が M〔cm³〕のと
きより 60cm³ のときのほうが水素の発生量が
多くなっている。このことから，金属Bにう
すい塩酸を M〔cm³〕加えるまで，水素の発生量
は加えたうすい塩酸の量に比例するといえる。

うすい塩酸 30cm³ を金属Bに加えたときに発
生する水素の体積が45cm³で，うすい塩酸 M
〔cm³〕を金属Bに加えたときに発生する水素の
量が59cm³なので，

$$30：45＝M：59$$
$$M＝39.3…＝約 39.3〔cm³〕$$

これに最も近い値は，イの40である。
(3)塩酸の量が 60cm³ のときにすべてのグラフ
が水平になっているので，表中で塩酸 60cm³
を加えたときに発生した水素の量は，各金属が
すべて反応したときに発生した水素の量である
といえる。よって，金属A 48mg が反応すると
水素45cm³，金属B 54mg が反応すると水素
67cm³，金属C 56mg が反応すると水素22cm³
が発生する。それぞれの金属1mgがじゅうぶ
んな塩酸と反応したとき発生する水素の量は，
金属A…45〔cm³〕÷48〔mg〕＝約 0.94〔cm³/mg〕
金属B…67〔cm³〕÷54〔mg〕＝約 1.24〔cm³/mg〕
金属C…22〔cm³〕÷56〔mg〕＝約 0.39〔cm³/mg〕
となるので，B，A，Cの順となる。
実際には，この計算を正確に行わなくても，金
属Cは金属量が最も多い（56mg）のに水素の発
生量が最も少ない（22cm³）ので，同じ質量で発
生する水素の体積は最も少ないことがわかる。
また，金属Aと金属Bの比較では，上の計算
式の答えが金属Aは1より小さく，金属Bは
1より大きいことがすぐにわかるので，同じ質
量で発生する水素の体積は，金属Bのほうが
金属Aより多いことがわかる。

> **水素のおもな性質** 最重要
> ①水への溶けやすさ⇨溶けにくい
> ②におい⇨なし
> ③色⇨なし
> ④空気と比べた重さ⇨軽い
> **水素のその他の性質** 最重要
> ①気体の中で，最も軽い気体である。
> ②酸素と混合して火をつけると爆発して燃
> え，水ができる。

▶ **48**
ウ

解説 ア：酸素は空気より重い。
イ：塩素は黄緑色である。
エ：二酸化硫黄が水に溶けると，その水溶液は酸性を示すので，ぬれた青色リトマス紙を赤色に変えるが，ぬれた赤色リトマス紙の色は変化しない。
オ：アンモニアが水に溶けると，その水溶液はアルカリ性を示す。

▶ **49**
(1)温度が高いほど溶解度が小さい性質。
(2)塩化カルシウム，水
(3)試験管の口を少し下げる。発生した気体は上方置換（法）で集める。
(4)水酸化ナトリウムの，水に溶けると熱を発生するという性質。
(5)①圧力
②容器内の圧力と大気圧との差により
③青

解説 (1)気体の溶解度は，温度が高くなるほど小さくなるので，気体が溶けている水溶液を加熱すると，溶けていた気体が溶けきれなくなって出てくる。
(3)生じた水が加熱部分に流れこんで試験管が割れるのを防ぐため，試験管の口のほうを少し下げる。また，アンモニアは水に溶けやすく空気より密度が小さいため，上方置換（法）で集める。
(4)水酸化ナトリウムが水に溶けるときに熱を発生させる。この熱によって水酸化ナトリウムと塩化アンモニウムが反応する。
(5)①：スポイトで加えた少量の水の中に丸底フラスコ内のアンモニアがほとんど溶けこむので，丸底フラスコ内の圧力が急激に下がる。
②丸底フラスコ内の圧力が大気圧より小さいため，ビーカー内の水面が大気圧により押し下げられて，水がフラスコ内に入っていく。

③アンモニアが水に溶けたアンモニア水はアルカリ性を示す。BTB溶液をアルカリ性の水溶液に加えると青色になる。

> **アンモニアのおもな性質** 最重要
> ①水への溶けやすさ⇨非常によく溶ける
> ②水溶液の性質⇨アルカリ性
> ③におい⇨鼻をつくようなにおい（刺激臭）
> ④色⇨なし
> ⑤空気と比べた重さ⇨軽い
>
> **アンモニアのその他の性質**
> 有毒であるが，肥料などの原料としても利用されている。

▶ **50**
(1)イ，エ
(2)色…赤(桃)色　気体名…水蒸気

解説 (1)ア：オキシドールを二酸化マンガンに注ぐと酸素が発生する。酸素は，ほかの物質が燃えるのを助ける性質（助燃性）はあるが，酸素自身は燃えない。
イ：亜鉛にうすい塩酸を加えると水素が発生する。イは，水素の性質をすべて満たしている。
ウ：塩化アンモニウムに水酸化カルシウムを混ぜて加熱するとアンモニアが発生する。アンモニアが水に溶けるとアルカリ性を示すので，水溶液にBTB液を加えると青色になる。
エ：自動車のエアバッグを膨張させる気体は窒素である。エは，窒素の性質を満たしている。
オ：炭酸水素ナトリウムを加熱すると二酸化炭素と水蒸気が発生し，炭酸ナトリウムが残る。二酸化炭素を通した水は酸性となるため，BTB液を黄色に変える。
(2)青色の塩化コバルト紙に水をつけると赤(桃)色になる。

おもな気体の重さ 最重要
（同体積の空気の重さとの比較）
①軽い⇨水素，アンモニア，ヘリウム
②ほぼ同じ⇨窒素，エタン
③重い⇨二酸化炭素，酸素，塩素，二酸化
　硫黄，塩化水素，硫化水素

トップコーチ
●おもな気体の発生方法
①酸素：過酸化水素水（オキシドール）に二
　酸化マンガンを加える。
　酸化銀を加熱する。
②二酸化炭素：石灰石（炭酸カルシウム）に
　塩酸を加える。
　炭酸水素ナトリウムを加熱する。
　有機物を燃焼させる。
③水素：塩酸など酸性の水溶液に亜鉛など
　の金属を加える。
④アンモニア：塩化アンモニウムに水酸化
　カルシウムを加えて加熱する。
　塩化アンモニウムに水酸化ナトリウムと
　水を加える。
　アンモニア水を加熱する。
⑤二酸化硫黄：硫黄や石油，石炭などを燃
　焼させる。
⑥硫化水素：硫化鉄に塩酸を加える。
⑦塩化水素：食塩（塩化ナトリウム）に濃硫
　酸を加えて加熱する。

▶**51**
(1)気体…イ　水の性質…アルカリ性
(2)ア
(3)気体…ウ
実験…火のついたマッチを近づける。

解説　(1)気体アは二酸化炭素，気体イはアン
モニア，気体ウは酸素，気体エは水素である。

アンモニアは非常に水に溶けやすいので，アン
モニアの入った試験管を逆さまに立ててゴム栓
をはずすと，試験管内のアンモニアがほとんど
水に溶けて，試験管内いっぱいに水が入ってく
る。また，アンモニア水はアルカリ性を示す。
(2)二酸化炭素が石灰水に溶けると，水に溶けに
くい白色の固体である炭酸カルシウムが生じる
ので，石灰水が白くにごる。
(3)においがないということからアンモニアでは
ない。また，石灰水が白くにごらなかったとい
うことから二酸化炭素ではない。よって，3つ
の気体は酸素，水素，窒素のいずれかである。
また，線香の火が激しく燃える気体ウは，助燃
性のある酸素である。よって，水素と窒素を見
分ける方法を考えればよい。ゴム栓をはずして
マッチの火を近づけると，水素であれば「ポン」
という音を出して燃えるが，窒素は燃えない気
体で助燃性もないので何も変化は見られない。

▶**52**
(1)水酸化カルシウム，塩化アンモニウム
(2)気体D…青色リトマス紙が赤色になる。
気体F…青色リトマス紙が赤色になる。
(3)変化…ペットボトルがへこむ。
理由…ペットボトル内の二酸化炭素の一
部が水に溶けて，ペットボトル内の圧力
が小さくなったから。
(4)C…窒素　F…塩化水素　G…酸素
(5)**B，D，F**

解説　実験1より，気体Dは黄緑色の塩素
であることがわかる。実験2で，図2のよう
に上方置換法で集める気体Bは空気より密度
が小さいアンモニアである（水素はもれると危
険なので水上置換(法)で集める）。実験4より，
気体Eは二酸化炭素であることがわかる。実
験6から，気体Gの密度を求めると，1mL＝
1cm³なので，

$$\frac{(113.698 - 113.563)\,[\mathrm{g}]}{100\,[\mathrm{cm^3}]} = 0.00135\,[\mathrm{g/cm^3}]$$

表より，最も密度が近いのは酸素なので，気体Gは酸素であると考えられる。実験7で，マッチの火を近づけたときにした「キュッ」という音は，試験管内の水素が燃えたときに出た音だと考えられるので，気体Aは水素である。実験8で，気体Fを水に溶かした液に亜鉛を加えると水素である気体Aが発生している。よって，気体Fを水に溶かした液は塩酸だと考えられるので，気体Fは塩化水素である。したがって，最後に残った気体Cは窒素である。

(1)気体Bはアンモニアである。実験2では加熱しているので，水酸化カルシウムと塩化アンモニウムである。また，加熱せずにアンモニアを発生させるには，水酸化ナトリウムと塩化アンモニウムを混ぜ合わせて水を加えるという方法もある。

(2)気体Dは塩素で，その水溶液は酸性を示すため，青色のリトマス紙が赤色になる。なお，塩素には脱色作用があるため，どちらのリトマス紙も白くなっていく。気体Fは塩化水素で，その水溶液（塩酸）は酸性を示すので，青色のリトマス紙が赤色になる。

(3)気体Eは二酸化炭素である。実験5では，二酸化炭素の一部が水に溶けてペットボトル内の圧力が小さくなるので，まわりの大気圧によってへこんでしまう。

(5)Bのアンモニア，Dの塩素，Fの塩化水素は刺激臭がある。

▶**53**

(1)a…エ　b…イ　c…イ
d…ア　e…ウ

(2)C，F

(3)炭酸水素カルシウム

(4)イ

解説　(1)〜(3)A：この6種類の気体の中で，色がついているのは，黄緑色の塩素だけである。また，塩素には脱色作用（漂白作用）がある。

B：化学的に不活性とは，ほかの物質と反応しにくいということである。この気体の中で，最もほかの物質と反応しにくい気体は窒素である。そのため，空気中の酸素との反応をさけたい美術品などは，窒素の中で保存することもある。ただし，絶対に反応しないわけではなく，高熱を加えることによって空気中の酸素と反応したり，高温・高圧下で窒素と水素を反応させてアンモニアを製造したりすることもある。

C：二酸化炭素を石灰水に通すと，水に溶けにくい白色の固体である炭酸カルシウムが生じるため，石灰水が白色ににごる。また，炭酸カルシウムと二酸化炭素と水が反応すると炭酸水素カルシウムが生じる。炭酸水素カルシウムは水に溶けやすい固体で，その水溶液は無色透明である。

D：この6種類の気体の中で，Cの二酸化炭素よりも多く空気中に含まれているのは，Bの窒素と酸素である。したがって，Dは酸素であるといえる。

E：気体の中で最も軽い気体は水素である。

F，e：残っているのはアンモニアだけなので，Fはアンモニアである。アンモニアの水溶液はアルカリ性なので，フェノールフタレイン溶液を加えると赤色に変化する。

また，Aの塩素 Cl_2，Bの窒素 N_2，Dの酸素 O_2，Eの水素 H_2 は単体（1種類の原子からできている物質）であるが，Cの二酸化炭素 CO_2 は酸素と炭素の化合物，Fのアンモニア NH_3 は窒素と水素の化合物である。

(4)アでは水素，イでは硫化水素，ウでは二酸化炭素，エではアンモニアが発生する。硫化水素は，火山ガスや温泉に含まれる特有のにおい（腐卵臭）をもつ有毒な気体である。

▶**54**

(1)水素

(2)**0.36g**

(3)**イ，エ**

解説 (1)塩酸などの酸性の水溶液とマグネシウムなどの金属が反応すると，水素が発生することが多い。

(2)マグネシウムの質量が 0.30g までは，発生した気体の体積がマグネシウムの質量におよそ比例していて，マグネシウムの質量が 0.30g のときに発生した気体の体積は 280cm³ である。したがって，336cm³ の気体を発生させるために必要なマグネシウムの質量を x〔g〕とすると，

$$0.30:x=280:336 \quad x=0.36〔g〕$$

マグネシウムの質量が 0.10g（発生した気体の体積は 93.0cm³），マグネシウムの質量が 0.20g（発生した気体の体積は 186cm³）を基準にして解くと，必要なマグネシウムの質量は，0.361…g となる。ただし，四捨五入によって 0.36g となるので解答に変化はない。

(3)実験 2 で，炭酸水素ナトリウムにうすい塩酸 Y を入れたときに発生した気体は二酸化炭素である。

ア：酸化銀が酸素と銀に分解されるので，酸素が発生する。

イ：卵の殻の成分である炭酸カルシウムと食酢の成分である酢酸が反応して，二酸化炭素が発生する。

ウ：アンモニア水に溶けていたアンモニアが発生する。

エ：発泡入浴剤には炭酸水素ナトリウム（重曹）と，それと反応するフマル酸などの物質が入っている。これを湯に溶かすと二酸化炭素が発生する。

オ：オキシドールに溶けていた過酸化水素が水と酸素に分解されるので，酸素が発生する。大根おろしは，この反応を活性化させる触媒となる。

3 水溶液の性質

▶**55**

(1)ア

(2)①エ　②ウ

解説 (1)一定の量の水に溶ける物質の限度の量をその物質の溶解度といい，ふつうは 100g の水に溶ける物質の質量で表す。溶解度は物質によって決まっているが，水の温度によって変化する。また，物質が溶解度まで溶けている水溶液を飽和水溶液という。

(2)①グラフより，60℃の水 100g に溶けることのできる硝酸カリウムの質量は 110g なので，この水溶液にさらに溶けることのできる硝酸カリウムの質量は，

$$110-40=70〔g〕$$

② 60℃の水 50g に硝酸カリウム 15g が溶けているということは，60℃の水 100g に硝酸カリウム 30g が溶けているのと同じである。グラフより，100g の水に溶ける硝酸カリウムの最大質量が 30g になっているときの温度は 20℃である。よって，20℃以下になると，溶けきれなくなった硝酸カリウムの結晶が出てくる。

▶**56**

(1)ろ過…**水に溶けるか溶けないかの違い**
蒸留…**沸点の違い**
再結晶…**溶解度の違い**

(2)**イ，オ，キ，コ，サ**

解説 (1)ろ過：水に溶けているものはろ紙を通過することができるが，水に溶けていないものはろ紙を通過できずにこしとられる。

蒸留：混合液を加熱したとき，沸点の低いもののほうが先にたくさん出てくる。

再結晶：混合物が溶けている水溶液の温度を下げると，たくさん溶けていて，溶解度の変化が大きい物質のほうが溶けきれなくなって出てきやすい。

(2)ミョウバンと塩化ナトリウムの混合物を水に溶かし，再結晶を行い，出てきた結晶をろ過する。再結晶をするときは濃い水溶液のほうがよいので，イのように少量の熱湯に溶かして濃い水溶液とする。ウとエは蒸留の操作なのでどちらも関係ない。ろ紙をろうとに入れるときは，オのようにろ紙を入れてから水で湿らせて密着させる。ろうとの足は，出てきた液がはねないようにするため，キのようにろうとの足をビーカーの壁につける（先端が壁につくような向きとする）。コのように，混合物の水溶液をゆっくり冷やしていくと，先に溶けきれなくなったミョウバンが出てくる（塩化ナトリウムは，温度が変化しても溶解度はあまり変化しない）。結晶が出てきたら，その液をろ過して，結晶をとり出す。このとき，液がはねて飛び出したりしないようにするため，サのように，ガラス棒に伝わらせて，静かにろ紙上に注ぐ。スとセは蒸留の操作なのでどちらも関係ない。

> **再結晶の方法** [最重要]
> ①温度変化による溶解度の差が大きい物質
> …温度の高い飽和水溶液を冷やす。
> ②温度変化による溶解度の差が小さい物質
> …水溶液を加熱して水を蒸発させる（この方法は，溶解度の差が大きい物質にも有効である）。

▶**57**
(1)エ
(2)エ
(3)エ

解説　(1)(3)いちど均一に広がった粒子は，下に沈んだりせず，均一に広がったままである。
(2)ガラス棒でかき混ぜたりしなくても，水の粒子が細かく動いているので（目には見えない），水の中の砂糖の粒子は均一に広がっていく。

▶**58**
(1)下図

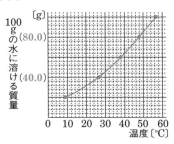

(2)**38g**
(3)**37.5%**

解説　(1)表の値を20倍すると，100gの水に溶けるときの値となる。よって，9℃のときは20.0g，27℃のときは40.0g，38℃のときは60.0g，48℃のときは80.0g，57℃のときは100gとなる。これをグラフ内に表すためには，縦軸の1目盛りを4gとし，（　）内に，40.0と80.0の値をかきこみ，各データの点をグラフ内に打って，なめらかな線で結ぶ。
(2)(1)でかいたグラフから読みとる。

(3)濃度〔%〕 $=\dfrac{溶質〔g〕}{溶液〔g〕}×100$

$=\dfrac{溶質〔g〕}{溶質〔g〕+溶媒〔g〕}×100$

$=\dfrac{3.0〔g〕}{3.0〔g〕+5.0〔g〕}×100$

$=37.5〔\%〕$

> **トップコーチ**
> ●**濃度の計算**
> 濃度〔%〕 $=\dfrac{溶質〔g〕}{溶液〔g〕}×100$
>
> この式を変形すると，
> 溶質〔g〕 $=溶液〔g〕×\dfrac{濃度〔\%〕}{100}$
> 溶液〔g〕 $=溶質〔g〕×\dfrac{100}{濃度〔\%〕}$
> また，溶液＝溶質＋溶媒なので，
> 濃度〔%〕 $=\dfrac{溶質〔g〕}{溶質〔g〕+溶媒〔g〕}×100$

▶**59**

(1) **21.9g**

(2) **12.8g**

(3) **45.7g**

解説 (1)60℃の飽和水溶液210g(100＋110＝210)に硝酸カリウム110gが溶けているので，60℃の飽和水溶液100gの中の水の量をx〔g〕とすると，

$$210:100=100:x$$
$$x=47.61\cdots=約\ 47.6〔g〕$$

溶けている硝酸カリウムの量は，

$$100-47.6=52.4〔g〕$$

40℃の飽和水溶液164g(100＋64＝164)に硝酸カリウム64gが溶けているので，40℃の水47.6gに溶けている硝酸カリウムの量をy〔g〕とすると，$100:47.6=64:y$なので，

$$y=30.464\cdots=約\ 30.5〔g〕$$

よって，生じる結晶の量は，

$$52.4-30.5=21.9〔g〕$$

(2)蒸発させた20gの水に限度まで溶けていた分の硝酸カリウムが出てくるので，生じる硝酸カリウムの結晶の量をx〔g〕とすると，

$$100:20=64:x \quad よって，x=12.8〔g〕$$

(3)(1)で，60℃の飽和水溶液100gを40℃に冷却したときに21.9gの結晶が生じているので，初めの飽和水溶液の量をx〔g〕とすると，

$$100:x=21.9:10$$
$$x=45.66\cdots=約\ 45.7〔g〕$$

(別解) 60℃の水100gに硝酸カリウム110gを溶かしてつくった飽和水溶液210gを40℃に冷やしたとき，生じる硝酸カリウムの結晶の量は，

$$110-64=46〔g〕$$

はじめの飽和水溶液の量をx〔g〕とすると，

$$210:x=46:10$$
$$x=45.65\cdots=約\ 45.7〔g〕$$

この解き方では，途中で四捨五入せず最後に四捨五入するので，誤差が小さい(この問題では，小数第2位を四捨五入するので，最後の答えは同じになる)。

▶**60**

(1) **39%**

(2) **168g**

(3) **68g**

解説 (1)表より，40℃のときの硝酸カリウムの溶解度は64gなので，飽和水溶液の質量パーセント濃度は，

$$\frac{64}{64+100}\times100=39.0\cdots=39〔\%〕$$

(2)20%の硝酸カリウム水溶液250gに溶けている硝酸カリウムの質量は，

$$250\times0.2=50〔g〕$$

よって，この水溶液の中の水の質量は，

$$250-50=200〔g〕$$

表より，60℃の水100gに，硝酸カリウムは109gまで溶けるので，60℃の水200gに溶けることのできる硝酸カリウムの質量は，

$$109\times\frac{200}{100}=218〔g〕$$

である。

したがって，さらに溶けることのできる硝酸カリウムの質量は，

$$218-50=168〔g〕$$

(3)表より，80℃の水100gに溶けることのできる硝酸カリウムの質量は168gなので，このときできた飽和水溶液は268gである。また，この水100gでつくった80℃の飽和水溶液の温度を20℃に冷やしたときに出てくる硝酸カリウムの結晶の質量は，

$$168-32=136〔g〕$$

である。

同じ物質で同じ温度の飽和水溶液の温度を同じだけ下げたときに出てくる結晶の質量は，温度を下げる前の飽和水溶液の質量に比例するので，80℃の硝酸カリウムの飽和水溶液134gを20℃に冷やしたときに出てくる硝酸カリウムの結晶の質量は，

$$136\times\frac{134}{268}=68〔g〕$$

となる。

▶*61*

(1)カ　(2)カ　(3)ウ　(4)ウ

解説　(1)試験管に近すぎる位置を持つとやけ
どをするおそれがあり，オを持つと試験管ばさ
みが開いてしまうので，カの部分を親指と人差
し指で持ち，キの部分までが手の中におさまる
ようにする。

(2)必ず「炎の大きさ→空気の量」の順に調整する。
炎が大きすぎるので，まず下のガス調節ねじを
右に回して少し閉じ，炎の大きさを適度な大き
さ（10cm くらい）にする。次に，黄色い炎にな
っているのは酸素不足なので，上の空気調節ね
じを左に回して少し開き，空気の量が適量であ
る青色の炎となるようにする。

(3)試料粉末の 99% が塩化ナトリウム，1% が
硫酸銅なので，試料粉末 3g 中の塩化ナトリウ
ムは 2.97g，硫酸銅は 0.03g である。また，図
1 より水の温度が 80℃ 以上になっても 100g の
水に溶けることのできる塩化ナトリウムの質量
は 40g より小さいので，3g の水の温度を何℃
にしても 1.2g 以上溶けることはなく，2.97g
の塩化ナトリウムの一部が溶け残る。これに対
して，水の温度を 0℃ まで下げても 100g の水
に溶けるのことできる硫酸銅の質量は 20g よ
り大きいので，3g の水の温度を何℃にしても，
硫酸銅が 0.6g 以上でないと飽和水溶液になら
ない。よって，硫酸銅 0.03g はすべて溶ける。
これより，試験管を室温になるまで冷ましたと
きに出てきている結晶は塩化ナトリウムだけで
ある。塩化ナトリウムの結晶は白色（無色）なの
で，ろ過をしたときにろ紙の上に得られた固体
が淡い青色に見えたのは，硫酸銅水溶液が塩化
ナトリウムの結晶に付着していたと考えられる。

(4)塩化ナトリウムの結晶に付着した硫酸銅水溶
液を洗い流せばよい。ただ，エのように一度に
水を多く注いでガラス棒でかき混ぜたりすると，
ろ紙の上の塩化ナトリウムの結晶の一部が溶け
るので，ウのように少量の水を数回に分けてゆ
っくり注ぐ。

▶*62*

(1)飽和水溶液

(2)再結晶

(3)**17.19**

(4)③物質 **A**　④物質 **B**

(5)⑤イ　⑥エ

(6)イ，ウ

(7)水酸化カルシウム（消石灰）

解説　(2)濃い水溶液の温度を下げると，溶け
きれなくなった固体が再び結晶として出てくる。
このような操作を再結晶という。

(3)60℃ の水 100g に物質 B は 3.56g まで溶け，
このときできる飽和水溶液の質量は 103.56g
である。物質 B の飽和水溶液 500g に溶けてい
る物質 B の質量を x〔g〕とすると，

$$500 : 103.56 = x : 3.56$$
$$x = 17.188\cdots = 約 17.19 〔g〕$$

(4)③物質 A は温度が低いほど溶解度が大きい
ので，温度の低い容器 1 で溶解し，温度の高
い容器 2 で溶けきれなくなって析出する。
④物質 B は温度が高いほど溶解度が大きいの
で，③の解説と逆になる。

(5)容器 1 と容器 2 で混合物が溶けていくと，
やがて，容器 1 では物質 B が飽和して析出し
はじめ，容器 2 では物質 A が飽和して析出し
はじめる。容器 2 では容器 1 から物質 B のう
すい水溶液が供給し続けられるので，容器 2 の
混合物の中の物質 B は溶け続けて，容器 1 で
析出し続ける。また，容器 1 では容器 2 から
物質 A のうすい水溶液が供給し続けられるので，
容器 1 の混合物の中の物質 A は溶け続けて，
容器 2 で析出し続ける。物質 A より物質 B の
ほうが溶解度が大きく，温度による溶解度の差
も大きいので，容器 1 で析出する物質 B のほ
うが容器 2 で析出する物質 A より大きい。よ
って，容器 1 の中の固体の質量が全体として
増加し，容器 2 の中の固体の質量は全体とし
て減少する。しかし，容器 2 の中の物質 B は

やがてすべて溶けて，10℃の水に溶けることのできる量以上の分はすべて容器1で析出し，容器1での固体の増加が終了する。しかし，容器2での物質Aの析出は遅い（溶解度が小さく，温度による差も小さいため）ので，混合物の中の物質Aと物質Bの割合がほぼ同じくらいであると仮定すると，容器1の中の物質Aの溶解と容器2の中の物質Aの析出は続くので，容器1の全体の固体の質量は減少しはじめ，容器2の全体の固体の質量は増加しはじめる。そして，物質Aの溶解と析出が終わったときには，容器1の中の固体はすべて物質Bとなっていて，容器2の中の固体はすべて物質Aとなっているのである。

(6)物質Bの析出量を増やすには，最終的に水に溶けている物質Bの量を減らせばよい。

(7)容器2で析出した固体は物質Aである。物質Aの水溶液に二酸化炭素を吹き込むと白色沈殿を生じるということから，物質Aの水溶液は石灰水であるといえる。石灰水の溶質は水酸化カルシウムである。水酸化カルシウムは温度が上がると溶解度が小さくなるので，表2とも合致する。また，石灰水に二酸化炭素を吹き込むと白色沈殿が生じるのは，二酸化炭素と水酸化カルシウムが反応して，水に溶けない白色の固体である炭酸カルシウムができるためである。さらに二酸化炭素を吹き込むと白色沈殿が溶解するのは，水溶液に二酸化炭素が溶けて酸性となったためである。炭酸カルシウムは水に溶けないが，酸性の水溶液には溶ける。

(3)溶質の質量は変わらないまま，水溶液全体の質量が21倍になるので，質量パーセント濃度は$\frac{1}{21}$倍となる。

(4)$\frac{0.25}{21} \times 100 = 1.190\cdots = 約 1.19〔％〕$

(5)BTB溶液は酸性で黄色を示す。また，中性では緑色，アルカリ性では青色を示す。

(6)実験3では実験2の水溶液から10cm³をとっていて，実験4では実験2の水溶液から1cm³しかとっていないので，溶けている塩化水素の質量も$\frac{1}{10}$倍である。実験5では，実験4の水溶液21cm³から10cm³をとっているので，溶けている塩化水素の質量はさらに$\frac{10}{21}$倍〔実験3のときの$\left(\frac{1}{10} \times \frac{10}{21}\right)$倍〕である。水溶液X32.6cm³の質量は32.6gなので，必要な水溶液Xの体積は，

$$32.6 \times \left(\frac{1}{10} \times \frac{10}{21}\right) = 1.552\cdots = 約 1.55〔cm³〕$$

(7)実験1と実験6の塩酸の濃度と体積は同じなので，これに溶けている塩化水素の質量を基準とすると，実験3の水溶液に溶けている塩化水素の質量は，$\frac{10}{21}$倍，実験8の水溶液に溶けている塩化水素の質量は$\frac{10}{41}$倍である。したがって，実験8で必要な水溶液Xの体積をx〔cm³〕とすると，

$$32.6 : x = \frac{10}{21} : \frac{10}{41}$$

$$x = 16.69\cdots = 約 16.7〔cm³〕$$

(8)Aで必要であった物質Xは1.55cm³，Bで必要であった物質Xは16.7cm³なので，必要な物質Xの量が少なくてすむAのほうが効果が大きいといえる。その倍率は，

$$16.7 \div 1.55 = 10.7\cdots = 約 11〔倍〕$$

▶**63**

(1)ウ　(2)**0.25g**　(3)**21**　(4)**1.19％**
(5)**黄色**　(6)**1.55**　(7)**16.7**
(8)③**A**　④**11**

解説　(1)二酸化炭素を吹き込んだときに白くにごるのは石灰水である。
(2)条件より，塩酸1cm³の質量は1gなので，
　　　$1 \times 0.25 = 0.25〔g〕$

4 物質の状態変化

▶**64**

(1) A…エ　B…ア　(2) オ

解説　(1)固体には決まった形があるが，液体や気体には決まった形はない。また，固体や液体には決まった体積があるが，気体の体積はまわりの気圧などによって変化する。

(2)空気などの気体は，温度変化によって最も体積が変化しやすい。ペットボトルの中の空気が熱い湯によってあたためられると膨張しようとし，ペットボトル内の気圧が大きくなって，ペットボトルの口にはめていたジャガイモが飛ばされる。

▶**65**

(1)ア　(2)ウ　(3)オ

(4)ク　(5)カ

解説　一般の物質は，固体が液体になると体積が増加し，液体が固体になると体積が減少する。ろうも例外ではなく，固体のろう55cm³がとけて液体になると体積が増加し，62cm³になる。このとき，質量は変化していない。また，この液体のろうを室温で自然に冷やすと，中央部がくぼんで固まる。しかし，水は例外で，固体である氷がとけて液体の水になると，体積は減少し，水が氷になると体積が増加する。

▶**66**

(1)**B**　(2)エ　(3)**C**

解説　(1)Aのように粒子が規則正しく並んでいてほとんど動かない状態は固体，Bのように粒子がぶつかりながら動いている状態は液体，Cのように粒子が自由に動き回っている状態は気体である。

(2)状態が変化しても，物質全体の質量は変化しない。

(3)同体積あたりの粒子の数は，気体のときが最も少ない。

▶**67**

(1)**0.79g/cm³**　(2)ウ

(3)枝つきフラスコから出た気体を冷やして液体にもどすため。

(4)液体…エタノール

理由…エタノールの沸点付近で集められていることと，液体にひたしたろ紙が燃えたこと。

解説　(1)メスシリンダーの中の液体の体積は1目盛り（図1のメスシリンダーの1目盛りは1mL）の10分の1まで読みとる。図1のエタノールの体積は，34.5mL（＝34.5cm³）と読みとることができる。質量は27.3gなので，密度は，

$$\frac{27.3}{34.5}=0.791\cdots=0.79〔g/cm³〕$$

(2)液体が気体になると，物質をつくっている粒子の運動が激しくなるため，体積が大きくなる。しかし，物質全体の質量は変わらないので，密度は小さくなる。

(3)実験2では，エタノールと水の混合物の蒸留が行われている。蒸留とは，液体を加熱して高温の気体に変え，出てきた高温の気体を冷やすことによって液体にもどして取り出す操作のことである。とくに，水とエタノールの混合物のように沸点がちがう液体の混合物の蒸留では，沸点が低い物質のほうが先にたくさん出てくるので，混合物を各物質に分離することができる。

(4)エタノールの沸点は約78℃，水の沸点は約100℃である。図4より，1本目の試験管にはエタノールの沸点に近い80℃前後で集められた液体がたまっているので，エタノールが多く集まっていると考えられる。これは，実験2の5の結果の表で1本目の試験管に集めた液体にひたしたろ紙に火をつけると燃えたことからもわかる。水は燃えない液体であるが，エタノールは燃える液体なので，エタノールの濃度が高くなるほど燃えやすくなる。

▶**68**

(1) **B，C，D**

(2) **ウ**

解説 (1)水の融点は0℃，沸点は100℃である。よってAではすべて氷である。0℃になっところで氷がとけ始め，すべての氷がとけるまでは温度が0℃のまま変化しないので，Bのときは氷と液体の水の両方が存在する。Cでは氷がなくなり，液体の水だけが存在している。また沸騰している間は100℃のまま変化しないので，Dでは液体の水の中に水蒸気の泡が存在している。すべてが水蒸気になってから再び温度が上がり始めるので，Eではすべて水蒸気になっていて，液体の水は存在しない。

(2)水が氷になると質量は変わらないまま体積が大きくなる。よって，氷の密度は水の密度より小さくなるので，氷は水に浮く。

▶**69**

(1)蒸留

(2)圧力が高いから。

(3)ウ

解説 (1)混合液を加熱すると，沸点の低いものが先に，たくさん出てくる。

(2)気体に強い圧力を加えると液体になる。

(3)プラスチックも石油からつくられている。

▶**70**

(1)ウ　(2)エ　(3)オ

(4)エ　(5)カ

解説 (1)ねじAは空気調節ねじ，Bはガス調節ねじである。まず，ガス調節ねじや空気調節ねじが閉じていることを確認してから元栓を開くことが重要である。ガス調節ねじが開いたまま元栓のコックを開くとガスがもれる危険がある。同時に，空気調節ねじまで開いていたなら，さらに火がつきやすくなり危険である。そのあとは，元栓→コックの順に開き，マッチに火をつけてガス調節ねじを開いて点火し，空気調節ねじを開いて，炎が青色になるように空気の量を調節する。

(2)液体の混合物を加熱すると，はじめのうちは沸点の低い物質のほうがたくさん出てくることを利用する。

(3)エタノールの沸点である78℃をこえると，エタノールが気体になるために大量に熱をうばっていく。そのため温度があまり上がらなくなる（ただし，グラフで水平にはならず，少しずつは上昇していく）。エタノールがほとんどなくなってしまうと，再び温度が上がりやすくなるが，水の沸点である100℃に達すると，水が気体になるときに大量に熱をうばっていくため，それ以上温度は上がらなくなる。

(4)主成分がエタノールと水のどちらなのかということを調べるので，エタノールと水の性質の違いを利用すればよい。エタノールは火をつけると燃える気体なので，エタノールが多ければ点火すると燃え，水が多ければ点火しても燃えない。

(5)$50 \div 0.79 = 63.29\cdots = $ 約 $63.3 \, [cm^3]$

融点・沸点 最重要

①純粋な物質⇨量に関係なく，物質の種類によって決まっている。また，融解中や沸騰中は，温度が上がらない。

②混合物⇨各物質の融点や沸点をこえたあたりで温度変化がゆるやかになるが，少しずつ上昇し，その物質がほとんどなくなると，再び温度変化が大きくなる。

▶**71**

(1)温度…融点

熱の使われかた…ナフタレンが固体から液体に変化するのに使われた

(2)固体と液体が混ざった状態

(3)下図

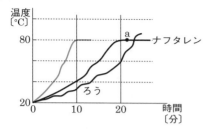

温度〔℃〕／時間〔分〕

(4)混合物

(5)ウ

(6)①ア　②イ

解説 (1)ナフタレンは，常温では固体の状態で存在している。加熱すると温度が上がり，80℃ぐらいになるととけ始める。このように，固体が液体になる温度を融点という（ナフタレンの正確な融点は81℃）。物質が固体から液体になるためには非常に多くの熱を必要とするため，与えられた熱は固体が液体に変化するためだけに使われるので，すべてが液体になるまでは，加熱しても融点のまま温度が変化しない。また，融点は物質によって決まっているため，物質の識別にも役立つ。

(2)融点のまま温度が上昇していないので，まだ液体になっていない固体が残っていると考えられる。

(3)融点は，物質によって決まっているので，質量が変化しても融点は変化しない。ただし，質量が半分になっているので，融点に達するまでの熱量も半分でよい。したがって，融点に達するまでの時間も半分となる。

(4)グラフの傾きが何度も変化しているので，上昇している途中でろうの中に含まれているいろいろな物質の融点を通過してきたと考えられる。したがって，ろうは数種類の物質の混合物であるといえる。

(5)ろうの液体は，ビーカーに接している部分から固まりはじめ，固体になると体積が小さくなるため，中心付近が固まっていくにつれてくぼんだような形となっていく。

(6)状態変化によって体積が変化しても全体の質量は変化しない。また，水はほかの物質と異なり，液体から固体になると体積が大きくなる。そのため，氷の同体積あたりの質量（密度は1cm³ あたりの質量）は水より小さくなる。

▶**72**

(1)5分後…イ　20分後…ウ

(2)①イ　②ウ　(3)液体

解説 (1)5分後は，加熱しても温度が0℃のまま変化しない状態のときなので，氷がとけているときであるといえる。20分後は温度が約12℃になっているので，すべて液体の水になっているといえる。

(2)ふつう，固体から液体になると体積が増加するが，水は例外で，固体から液体になると体積が減少する。物質の状態が変化しても，全体の質量は変化しないので，液体の水の密度は固体の水の密度より大きくなるため，固体の水（氷）は液体の水に浮くのである。

(3)50分後は約36℃になっているので，液体の水になっている。

▶**73**

(1)①ア　②イ

(2)イ

(3)(例)冬に，凍りついた道路に塩をまく。冬に，川の水が凍っても，近い場所にたまっている海水は凍らないことがある。冷凍庫でアイスキャンディーをつくるには，氷温室（-2℃）ではなく，冷凍室（-18℃）に入れる。など

(4)-1.25*t*

解説 (1)①①②より，凍っていた部分にはほとんど砂糖が含まれておらず，凍っていなかった部分に含まれていたことがわかるので，砂糖水が凍るときは，水だけが砂糖と分かれて凍っていくと考えられる。

②③④より，とけた液に含まれている砂糖の割合は凍らせる前より大きく，とけずに残っていた氷にはほとんど砂糖が含まれていなかったことがわかるので，凍らせたときに最後に固体となった砂糖をたくさん含んでいた部分からとけ始めると考えられる。

(2)問題文にもあるように，水が凍るときには発熱する。したがって，冷却された分だけ水が氷となって発熱するため，熱の出入りがつり合い，0℃で一定に保たれる。

(3)凍りついた道路に塩をまくと，食塩水が凍る温度ではなくなるため（食塩水が凍る温度は0℃より低い），氷がとけ始める。また，海水には食塩などが溶けているため，凍る温度は0℃より低い。さらに，水が凍るには−2℃でもよいが，砂糖水はもっと低い温度でないと凍らない。

(4)溶媒である水の量が $\frac{4}{5}$ 倍となるため，同じ量の水に溶けている砂糖の量は $\frac{5}{4}$ 倍＝1.25 倍となる。点 D に相当する点の温度は，同じ量の水に溶かす砂糖の量に比例して低くなるので，−1.25t〔℃〕で凍り始める。

> **トップコーチ**
>
> ●凝固と凝固点
>
> 液体の状態にある物質を冷やしていくと，やがて固体の状態に変化する。このように，液体の状態の物質が冷やされて固まり，固体の状態になることを凝固という。凝固が始まると温度は下がらなくなり，全部が凝固するまで温度は変わらない（このときの温度を凝固点という）。そして，凝固が終わると，温度は再び下がり続ける。凝固は融解と反対の現象であり，同じ物質であれば，融点と凝固点は同じ値になる。

2編 実力テスト

▷ **1**

(1)イ　(2)ウ　(3)イ　(4)イ

解説　(1)立方体 X の体積は，
$$2 \times 2 \times 2 = 8〔cm^3〕$$
立方体 X の 1cm³ あたりの質量は，
$$63.0〔g〕 \div 8〔cm^3〕 = 7.875〔g/cm^3〕$$
最も近いのは，鉄である。

(2)～(4)塩酸と水酸化ナトリウム水溶液のどちらにも溶けて，気体を発生させるのはアルミニウムである。また，このとき発生する気体は水素である。

▷ **2**

(1)枝つきフラスコ

(2)図…下図

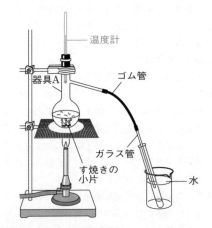

理由…ガラス管から出ていく気体(蒸気)の温度を測定するため。

(3)急な沸騰を防ぐ(突沸を防ぐ)。

(4)②エタノール　⑥水

(5)0.8g/cm³

(6)①沸点　②蒸留

解説 (1)底は丸底になっており，中に入れた液体を加熱して，出てきた気体を送り出すときに使用する。

(2)生じたばかりの高温の気体の温度を測定する。

(3)このような小片を沸騰石という。

(4)はじめ，沸点の低いエタノールのほうが多く出てくる。試験管⑥に集めるときは，すでに40cm³ 以上が気体になっているので，エタノールはほとんどなくなっていると考えられる。

(5)液体や固体の密度は，ふつう 1cm³ あたりの質量で表す。したがって，

$$3.6 〔g〕÷4.5 〔cm^3〕=0.8 〔g/cm^3〕$$

(6)2種類の液体の混合物を加熱すると，沸点の低い物質が先にたくさん出てくる(ただし，沸点の高いほうも，多少は混じって出てくる)。そのため，はじめのほうに出てくる気体を冷やして液体にすると，沸点の低いほうの物質の割合が高く，あとから出てくる気体を冷やして液体にすると，沸点の高いほうの物質の割合が高くなる。このように沸点の違いを利用して液体を分離する方法を蒸留という(分留ということもある)。

3

(1)A, B…**b, e**(順不同)

C, D…**c, g**(順不同)

E, F…**d, f**(順不同)

(2)捕集方法…**上方置換(法)**

理由…**水に溶けやすいから。空気より密度が小さい(軽い)から。**

(3)(ア)**アンモニア** (イ)**酸素**

(ウ)**二酸化炭素**

解説 (1)(3)実験1：湿った赤色リトマス紙を青色に変えるのは，水に溶けてアルカリ性を示す気体である。試薬欄の物質を2種類混ぜ合わせてできるアルカリ性の気体は，bの塩化アンモニウム水溶液とeの水酸化ナトリウムを混ぜたときにできるアンモニアだけなので，気体(ア)はアンモニアである。

実験2：気体(イ)は助燃性のある気体なので酸素である。酸素は，cの過酸化水素水とgの二酸化マンガンを反応させると発生する。

実験3：気体(ウ)は石灰水を白くにごらせる気体なので二酸化炭素である。二酸化炭素は，dの希塩酸とfの炭酸カルシウム(石灰石などの主成分)を反応させると発生する。

4

(1)①**ウ** ②**33%**

(2)①**イ**

②**20℃の水 100g に溶ける塩化ナトリウムの質量は，10g よりも大きいから。**

(3)**17%**

解説 (1)①グラフより，40℃の水 100g に塩化ナトリウムは約 37g までしか溶けないので，40℃の水 10g には約 3.7g しか溶けず，試験管Aの塩化ナトリウムは少し溶け残る。また，40℃の水 100g に硝酸カリウムは約 65g まで溶けているので，40℃の水 10g には約 6.5g まで溶けることができ，試験管Bの硝酸カリウムはすべて溶ける。

②$\dfrac{5}{10+5}×100=33.3…=$ 約 33〔%〕

(2)グラフより，温度を20℃にしても，塩化ナトリウムは 10g 以上溶けるので結晶は出てこない。いっぽう，硝酸カリウムの溶解度が 40g になるときの水の温度は約 26℃となっているので，水の温度を 26℃以下に下げると硝酸カリウムの結晶が出始める。

(3)水の温度が 10℃のときの硝酸カリウムの飽和水溶液の濃度なので，水の量が 100g として考えても同じである。グラフより，10℃の水 100g に溶ける硝酸カリウムの量は約 20g なので，そのときの硝酸カリウムの飽和水溶液の質量パーセント濃度は，

$$\dfrac{20}{100+20}×100=16.6…=約 17〔%〕$$

（別解）水 50g に溶ける硝酸カリウムの量を求めてから計算すると，次のようになる。

グラフより，10℃の水 100g に溶ける硝酸カリウムの量は約 20g なので，10℃の水 50g に溶ける硝酸カリウムの量は約 10g である。よって，このときの硝酸カリウムの飽和水溶液の質量パーセント濃度は，

$$\frac{10}{50+10} \times 100 = 16.6\cdots = 約\ 17\ 〔\%〕$$

3編 身のまわりの現象

1 光の性質

▶**74**

(1)②　(2)屈折　(3)全反射

(4)下左図　(5)下右図

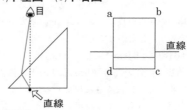

(6)下図

解説　(1)(2)光が，ガラスや水の中から空気中へ進むときは，「入射角＜屈折角」となるように，境界面で折れ曲がって進む。このように，光が異なる物質の境界を越えて進むときに，境界で進む向きが変わる現象を屈折という。

(3)光が，ガラスや水の中から空気中へ進むとき，入射角がある角度より大きくなると，すべての光が境界面で反射するようになる。このような現象を全反射という。（ガラス中→空気中…入射角が約 42°より大きいとき。水中→空気中…入射角が約 49°より大きいとき。）

(4)ガラスの下の線から出た光は，ガラスの中から空気中へ進むときに，境界面で「入射角＜屈折角」となるように屈折する。

(5)次の図左のように，屈折して目に入った光は直進してきたように見える。

(6) abcd 面に矢印がうつるのは，次の図右のように 2 面で全反射した光が目に届くためである。このとき，左右は反対にならないが，図のように，上下が反対になる。

直線

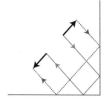

屈折のしかた 最重要

①光が，空気中→水・ガラスと進むとき，
　屈折角＜入射角（面から遠ざかる）

②光が，水・ガラス→空気中と進むとき，
　屈折角＞入射角（面に近づく）

③光が面に垂直に入るとき，直進する。

④光が円形のガラスなどの中心に向かって
　入るとき，面に垂直なので直進する。

▶**75**

(1)**60°**

(2)**鏡 A への入射光と平行になる。** (3)**エ**

解説 (1)下図のように，鏡 B での反射角は
θ と等しくなるので 60° である。

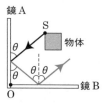

(2)鏡 B での反射角が θ と等しくなるため，鏡
B での反射光は鏡 A への入射光と平行になる。

(3)第 3 の像は鏡 A による像が鏡 B にうつった
ものと，鏡 B による像が A にうつったものに
よってできているので，下図のようになる。

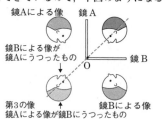

1 枚の鏡にうつる像 最重要

①像の位置…像から鏡までの距離は，物体
　から鏡までの距離と同じ。

②像の大きさ…物体と同じ。

③像の上下左右…上下は物体と同じだが，
　左右は物体と反対。

④自分の全身の像を見るとき…鏡の縦の長
　さは，自分の身長の半分以上の長さが必
　要である。

▶**76**

(1)$\dfrac{2a}{c}$ (2)$\dfrac{x}{288000}$

(3)**288000000** (4)**ウ** (5)**ア**

解説 (1)時間＝$\dfrac{距離}{速さ}$＝$\dfrac{2a}{c}$〔s〕

(2)1 回転（360 度回転）するのに $\dfrac{1}{800}$ 秒かかるの
で，x 度回転するのにかかる時間は，

$$\dfrac{1}{800}\times\dfrac{x}{360}=\dfrac{x}{288000}\text{〔s〕}$$

(3)速さ＝$\dfrac{距離}{時間}$＝$2a\div\dfrac{x}{288000}$

これに，$a=20$，$x=0.04$ を代入すると，

$$2\times20\div\dfrac{0.04}{288000}=288000000\text{〔m/s〕}$$

(4)光 J が R で反射したとき，回転鏡は GRC の
直線上にあるので，下図左のように，①の角度
は∠ERG と等しくなる。また，球面の鏡 M で
反射した光が戻ってきて R で反射し，光 K の
ように進むとき，回転鏡は FRD の直線上にあ
るので，下図右のように，②の角度は
∠BRD と等しくなる。

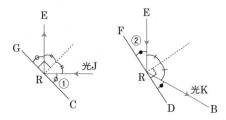

(5)光が R で反射し，さらに球面の鏡で反射し
てから R に戻ってくるまでの時間は変わらな

いので，回転鏡の回転の速さが常に同じであれば，光がRで反射して再びRに戻ってくるまでに回転鏡が回転した角度も変わらない。よって，光がRで反射したときの回転鏡の向きに関係なく，再びRで反射した光はP(Sも同じ位置)に達する。

▶ **77**

(1)ア　(2)下図

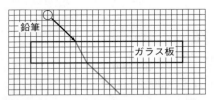

解説　図と同じように屈折していることと，ガラス板から出た光とガラス板に入る光が平行になっていれば，解答図とまったく同じでなくても構わない。下図のように，ガラス板に入るときと出るときに屈折した光が目に届くため，図の点線のように光が届いたと認識する。

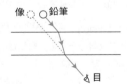

▶ **78**

(1)ウ　(2)ア　(3)ウ

(4)鉛筆から出て全反射して目に届いていた光の一部が，反射せずに三角柱のガラスから出ていくようになるから。

解説　(1)次図のように，ガラス板に入るときと出るときに屈折した光が目に届くため，図の点線のように光が届いたと認識する。

(2)アは光の屈折，イは光の反射，ウは光の全反射，エは光の直進に関係の深い文である。

(3)図4のときに図5のように見えるのは，下図左のように三角柱のガラスと空気との境界面で光が全反射するためである。目の位置を右にずらしても，下図右のように入射角がさらに大きい光が全反射して目に届くので，ガラスの中に見える鉛筆の像は，はっきり見え続ける。

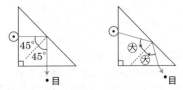

(4)光がガラス中から空気中へ出ようとするとき，入射角が約42°より大きいと全反射するが，入射角がそれより小さいと一部の光が屈折して空気中へ出ていく。図4で目の位置を左に移動させると，やがて入射角が42°となる。さらに左に移動させると下図のように入射角が42°より小さくなり，一部の光が屈折して空気中へ出ていくため，目に届く光の量が少なくなる。

▶ **79**

(1)全反射

(2)形…円　面積…**314cm²**

解説　(1)水中やガラス中から光が空気中へ出ていこうとするとき，入射角が臨界角より大きくなると，すべての光が境界面で反射する。このような現象を全反射という。

(2)次の図のように，豆電球から出た光で，豆電球の真上の水面上の点を中心とする半径10cmの円より外側に向かって進んだ光は，入射角が45°より大きくなるので水面ですべて反射する(全反射)。したがって，この円と同じ大きさの

板をこの位置に浮かべると，空気中から豆電球を見ることができなくなる。また，この円の面積は，10×10×3.14＝314〔cm²〕

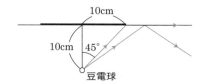

豆電球

▶**80**

(1)①イ　②ア　③イ　④ア

(2)X…**36**　Y…**9.0**

解説　(1)①②凸レンズによってスクリーンにできる像は倒立の実像である。

③④光源装置(物体)を凸レンズに近づけるほど(焦点より手前まで)，像ができる位置は凸レンズから遠ざかっていき，できる像は大きくなっていく。

(2)下図のように，光源装置の原点からAまでの2cmを物体として，この部分の像の大きさを z〔cm〕とすると，

　　2.0＋z：z＝12.0：9.0

　　z＝6〔cm〕

よって，像の大きさは物体の大きさの3倍となっているので，3.0cmのAB間の像の大きさYは，3.0〔cm〕×3〔倍〕＝9.0〔cm〕

次に，凸レンズの中心から像までの長さをx〔cm〕とすると，z＝6cmなので，

　　12：x＝2：6

　　x＝36〔cm〕

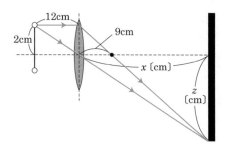

▶**81**

(1)**6cm**　(2)イ

(3)①ウ

②像の位置…イ　像の大きさ…イ

像の明るさ…ウ　像の形…イ

(4)下図

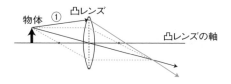

物体　①　凸レンズ　凸レンズの軸

解説　(1)焦点距離の2倍の位置に物体を置くと，物体と凸レンズの距離(図3の横軸)，凸レンズとスクリーン(像)の距離(図3の縦軸)が等しくなる。図3で縦軸と横軸の値が等しくなっているのは12cmのときなので，焦点距離の2倍の長さが12cmであるということになる。したがって，焦点距離は，12÷2＝6〔cm〕

(2)物体を凸レンズから遠ざけていくと，像ができる位置は凸レンズに近づいてくる。しかし，焦点より内側に像ができることはないので，像の位置は焦点に近づいているといえる。

(3)①凸レンズによってできる実像は，上下左右が反対になる(図2と見る向きが同じなので，そのまま上下左右が反対のウを選べばよい)。

②凸レンズの上半分を通る光をさえぎっても下半分を通る光の道筋は変わらないので，像の位置，像の大きさ，像の形は変わらない。ただし，凸レンズを通る光の量が半分になるので，像が暗くなる。

(4)凸レンズの軸に平行な光は，凸レンズを通るときに屈折して焦点を通る向きに進む。この光と凸レンズの中心を通って直進する光との交点を①の光も通過する。また，凸レンズの軸に平行な光のかわりに物体側の焦点を通る光を作図してもよい。この光は，凸レンズを通るときに屈折して凸レンズの軸と平行に進み，同じ交点を通る。

凸レンズを通る光の進み方 最重要
①凸レンズの中心を通る光
　⇨屈折せずに直進する。
②光軸と平行に進んで凸レンズに入る光
　⇨凸レンズを通ったあと，焦点を通る。
③焦点を通ったあと凸レンズに入る光
　⇨凸レンズを通ったあと，光軸と平行に
　　進む。
※凸レンズによる像を作図するときは，①
～③の光のうち，どれか2本をかけばよい。

▶*82*

(1)① **20cm** ② **30cm**

(2)① **10cm** ②**ウ**

解説 (1)①下図のように，凸レンズから右へ
30cm離れた位置に光が集まろうとするが，鏡
によって反射するため，像ができるはずだった
位置と鏡を軸として線対称の位置（凸レンズか
ら20cm離れた位置）に像ができる。

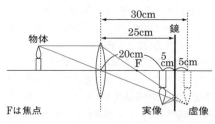

Fは焦点　　　　　　　実像　　　虚像

（凸レンズによる実像ができるはずであった位
置には，鏡による虚像ができる。）
②次の図のように，①の実像をつくる光は再び
凸レンズを通るので，凸レンズの左側に①の実
像の実像をつくる。これは，①の実像を物体と
して考えたときにできる実像なので，凸レンズ
から物体（①の実像）までの距離が20cmとなる
ため，問題文の条件より，このときの実像は凸
レンズから左側に30cm離れたところにできる。

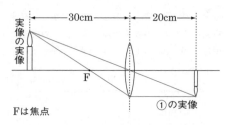

Fは焦点

(2)①鏡の虚像との対称軸である鏡が5cm移動
し，さらに，鏡から虚像までの距離が5cm長
くなる（鏡から，鏡がない場合の実像までの距
離が5cm長くなる）ので，実像は，
　　5＋5＝10〔cm〕
だけ左に動く。
②凸レンズの右側にできる実像が凸レンズに近
づくので，この実像の実像（凸レンズの左側に
できる実像）は，凸レンズから離れていく。さ
らに，鏡をレンズから20cmのところまで近づ
けると，凸レンズの右側にできる実像の位置が
凸レンズから10cmのところで焦点より凸レン
ズに近くなるため，この実像の実像はできなく
なる（鏡を凸レンズから21cmのところまで近
づけたときに凸レンズの焦点上に実像ができる
ため，実像の実像は消える）。

▶*83*

(1)**エ**

(2)**ウ**

(3)**ウ**

(4)**2倍**

(5)**虚像**

解説 (1)b が a の何倍かということなので，
$b÷a$ で表される。

(2)A′B′：AB＝A′B′：O′O
　　　　　＝B′F：OF
　　　　　＝$(b-f)$：f

(3)①式の a に $2×f$ を代入すると，
　　$(2×f+b)×f＝2×f×b$
これを b について解くと，$b＝2×f$ となる。

(4)①式の a に 9, f に 6 を代入すると，
$$(9+b) \times 6 = 9 \times b$$
$$b = 18$$
したがって，倍率は，
$$18 \div 9 = 2〔倍〕$$
(5)凸レンズと焦点の間に物体を置いているので実像はできない。このとき，物体と反対側から凸レンズを通して物体を見ると，物体より大きな像が見える。これを<u>虚像</u>という。

▸ *84*

(1)**12cm**

(2)**20cm**

(3)**前方20cmに正立虚像**

解説 (1)焦点距離の２倍の位置に物体を置くと，反対側の焦点距離の２倍の位置に物体の大きさと同じ大きさの像ができる。表で，光源とレンズの距離が24cm のとき，スクリーンとレンズの距離も24cm になっているので，焦点距離の２倍の距離が24cm であることがわかる。よって，焦点距離は24cm の半分の12cm である。

(2)『光線逆進の原理』より，「光源とレンズの距離」と「スクリーンとレンズの距離」の関係が逆になっても像ができると考えられる。表で，光源とレンズの距離が20cm のときにスクリーンとレンズの距離が30cm になっているので，光源とレンズの距離が30cm のときにスクリーンとレンズの距離が20cm になると考えられる。

(3)レンズと焦点の間に光源を置いているので，レンズの前方に正立虚像ができるのは明らかである。問題文より，１枚目のレンズの後方4cmの位置に２枚目のレンズを置くと，２枚目のレンズの後方20cm の位置(1 枚目のレンズの後方24cm の位置)にできるはずであった像が２枚目のレンズの後方7.5cm のところにできている。したがって，『光線逆進の原理』より，レンズの前方7.5cm のところに光源を置くと，レンズの前方20cm の位置に正立虚像ができる。

▸ *85*

(1)エ (2)(い)＞，(ろ)＝，(は)＜，(に)＝

(3)カ (4)e：**赤色**，f：**青色**

(5)**主虹：ア，副虹：カ**

解説 (1)光が反射するときは，入射角と反射角が等しくなるように反射するので，ウとエにしぼられる。光が水中から空気中へ進むとき，入射角より屈折角のほうが大きくなるので，エのように進む。

(2)光が空気中から水中へ進むとき，入射角より屈折角が小さくなるので，$a > b$ となる。
下の図で，△OXY は二等辺三角形となるので，$b = p$ となる。また，光が反射するときは入射角＝反射角となるので，$p = c$ となる。したがって，$b = c$ である。
下の図で，△OYZ は二等辺三角形となるので，$c = q$ となる。また，光が水中から空気中へ進むとき，入射角より屈折角が大きくなるので，$q < d$ となる。
したがって，$c < d$ である。
空気中から水中へ光が進むときの屈折角と水中から空気中へ光が進むときの入射角が等しいとき，空気中から水中へ光が進むときの入射角と水中から空気中へ光が進むときの屈折角が等しくなる。よって，$b = q$ $(b = p = c = q)$ なので，$a = d$ となる。

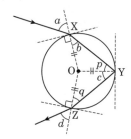

(3)図３より，青色の光の屈折率(屈折する度合い)が最も大きく，赤色の光の屈折率が最も小さいことがわかる。したがって，図４で屈折率の最も大きい①が青色の光で，屈折率の最も小さい③が赤色の光であるということがわかる。

(4)水滴で1回反射する場合(図7)は，図4より，青色の光(①)より赤色の光(③)の方が *e* が大きくなることがわかる。

また，水滴で2回反射する場合(図8)は，下の図のように，屈折率の大きい青色の光のほうが *f* が大きくなることがわかる。

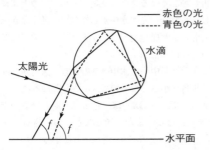

―― 赤色の光
----- 青色の光
水滴
太陽光
f　*f*
水平面

(5)主虹での *e* の大きさは，屈折率の最も小さい赤色の光が最も大きくなるので，赤色の光が最も高い位置(図5の④)に見え，屈折率の最も大きい青色の光が最も低い位置(図5の⑥)に見える。副虹での *f* の大きさは，屈折率の最も大きい青色の光が最も大きくなるので，青色の光が最も高い位置(図5の⑦)に見え，屈折率の最も小さい赤色の光が最も低い位置(図5の⑨)に見える。

2 音の性質

▶*86*

(1)㋐…**15**
㋑…**0.24**
㋒…**0.06**
(2)右図

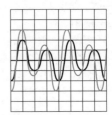

解説 (1)AとBの比較より，長さが2倍になると振動数は$\frac{1}{2}$倍になることがわかる。また，AとCの比較より，太さが2倍になると振動数が$\frac{1}{2}$倍になることがわかる。よって，振動数は長さと太さの積に反比例するといえる。

㋐：AとEの比較より，
$$\frac{30}{㋐} \times \frac{0.12}{0.06} = \frac{4}{1} \qquad ㋐ = 15$$

㋑：AとFの比較より，
$$\frac{30}{60} \times \frac{0.12}{㋑} = \frac{1}{4} \div 1 \qquad ㋑ = 0.24$$

㋒：AとGの比較より，
$$\frac{30}{60} \times \frac{0.12}{㋒} = 1 \qquad ㋒ = 0.06$$

(振動数がFの4倍なので，太さがFの$\frac{1}{4}$倍と考えてもよい。)

(2)同じ材質の弦なので波形は変わらない。張る強さはHのほうがAより強いので，Hのほうが振動数が多い(波長が短い)。また，Aよりも強くはじいているので，Hのほうが振幅が大きい。

▶*87*

(1)①ヘルツ　②強　③高
(2)④ **648**　⑤ **36.0**
(3)**5400Hz**

解説 (1)振動数の単位はヘルツ(Hz)である。また，材質・長さ・太さが同じ弦であれば，強く張るほど振動数が多くなり，高い音が出る。

(2)弦の長さが 20.0cm と 30.0cm のときを比較すると，弦の長さが $\frac{3}{2}$ 倍になると振動数は $\frac{2}{3}$ 倍になっている。弦の長さが 20.0cm と 45.0cm のとき，または，弦の長さが 30.0cm と 45.0cm のときを比較しても，振動数は弦の長さに反比例していることがわかる。よって，

$$\frac{25.0}{20.0}=\frac{810}{④} \qquad ④=648$$

$$\frac{⑤}{20.0}=\frac{810}{450} \qquad ⑤=36.0$$

(3) 540 と 450 と 360 の最小公倍数は 5400 である。

▶**88**

(1)**344m/s**

(2)**振動数**

解説 (1)直接音が 1 秒間隔なので，その中間で反射音が聞こえることになる。よって，直接音が聞こえた 0.5 秒後に反射音が聞こえているのである。したがって，0.5 秒で 86m を往復した音の速さは，

$$86〔m〕×2÷0.5〔s〕=344〔m/s〕$$

(2)振動数が大きくなるほど，音は高くなる。

音の高さと大きさ 最重要
①音の高さ ⇨ 振動数が大きいほど高い音。
②音の大きさ ⇨ 振幅が大きいほど大きい音。

▶**89**

オ

解説 5.0 秒間に自動車から出されたクラクションの音の波は，5 秒間に自動車が進んだ分だけ短くなるので，その長さは，

$$340×5.0-20×5.0=1600〔m〕 となる。$$

これが，340m/s の速さで A 君を通過し，その間だけ A 君にクラクションの音が聞こえるので，A 君が聞こえたクラクションの音の長さは，

$$1600÷340=4.70…=4.7〔秒間〕$$

(別解) 自動車が進んだ分の長さをクラクションの音が移動する時間だけ，A 君がクラクションの音を聞く時間が短くなるので，

$$5.0-20×5.0÷340=4.70…=4.7〔秒間〕$$

▶**90**

(1)**ウ** (2)**オ** (3)**カ** (4)**エ** (5)**イ**

解説 (1)1200m の距離を 3.5 秒で伝わったので，このとき空気中を伝わる音の速さは，

$$\frac{1200}{3.5}=342.8…=343〔m/s〕$$

(2)振幅(波の大きさ)が大きいほど，大きい音が出ている。よって，最も大きい音が出ているのは，振幅が最も大きい③である。
また，振動数(1 秒間に振動する波の数のことなので，一定時間の波の数が少ないほど振動数も少ない)が少ないほど低い音が出ている。よって，③である。

(3)弦の長さについて調べたいので，弦の長さ以外は同じ条件のものどうしを比べる。弦の長さは駒 R の位置で決まるので，駒 R の位置以外は同じである③と④の結果を比べる。

(4)弦をはじく強さは音の大きさを変えるだけで音の高さの変化には関係しない。よって，②と③は駒 R の位置(弦の長さ)とおもりの数(張りの強さ)が同じなので，同じ高さの音が聞こえる。また，①は②よりおもりの数が少ない(張りが弱い)ので低い音が出て，④は③より弦の長さが長くなる(駒 R の位置が a の位置より b の位置のほうが弦の長さが長くなる)ので低い音が出る。

(5)弦の長さが短くて(駒 R の位置が a)，弦の張りが強い(おもりの数が 3 個)であるものほど高い音が出る。

▶**91**

(1)① **12.5秒**

② **8m/s，28.8km/h**

(2)① **680m**

② **1360m**

解説 (1)①ピストルの音がBさんに伝わるまでの時間の分だけタイムが速くなっているので，Aさんの100m走の正確なタイムは，

12.2〔s〕＋102〔m〕÷340〔m/s〕＝12.5〔s〕

② 100〔m〕÷12.5〔s〕＝8〔m/s〕

8×3600÷1000＝28.8〔km/h〕

(2)①下図左のように，AからBへ音が直接届くのにかかる時間が4秒，Aから出た音が岸壁で反射してBに届くまでにかかる時間が8秒である。したがって，Aから岸壁までの距離は，

340〔m/s〕×(8〔s〕－4〔s〕)÷2＝680〔m〕

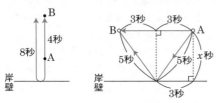

②上図右のように，AからBへ音が直接届くのにかかる時間が6秒，Aから出た音が岸壁で反射してBに届くまでにかかる時間が10秒である。Aから岸壁まで音が直接伝わるのにかかる時間をxとすると，

$x^2 + 3^2 = 5^2$

$x = 4$〔s〕

したがって，Aから岸壁までの距離は，

340〔m/s〕× 4〔s〕＝1360〔m〕

▶*92*

ア

解説 1分間に60回の割合で太鼓をたたくということは，1秒ごとに太鼓をたたくということである。下図のように，1回目の音を出してから2回目の音を出すまでの間に，1回目の音は西に向かっても330m進んでいるが，A君は東に向かって30m進んでいるので，西に向かって進む1回目の音と2回目の音の距離の差は，330＋30＝360〔m〕となっている。よって，B君には$\frac{360}{330}$秒ごとに太鼓の音が聞こえるので，1分間(60秒間)に聞こえる回数は，

$$60 \div \frac{360}{330} = 55 \text{〔回〕}$$

西 B君 ｜←330m→｜←30m→｜ 東 A君

1回目の音　　　　ここで2回目の音を出す

▶*93*

(1)**物体Xをのせたときは物体Yをのせたときに比べて高い音が聞こえる。**

(2)**イ**

解説 (1)物体Xをのせたときのほうがxが短くなるので，振動数が多くなり高い音が出る。

(2)物体Xをのせたときのほうが高い音が出るのは，物体Xのほうが物体Yより重くて，弦の張りが強くなるためである。また，yについては，物体Xと物体Yのどちらをのせたほうが長いかという規則性は見られない。

▶*94*

(1)**250Hz**

(2)**ア**

(3)① **0.08** ② **40** ③ **120**

(4)**カ**

(5)**イ，オ**

解説 (1)1回振動するのに0.004秒かかっているので，1秒間に振動する回数は，

1÷0.004＝250〔回〕

よって，振動数は250Hzである。

(2)どこをたたいても同じおんさから出る音の高
さは変わらないので，振幅は変化しても振動数
は変化しない。この問題では弱くたたいている
ので，振動数はそのままで振幅が小さくなって
いるアのようになる。

(3)① 3回目と4回目の比較により，S と m が
比例することがわかる。したがって，2回目と
5回目を比較すると，

$$0.02 : ① = 150 : 600$$
$$① = 0.08$$

② 2回目と3回目の比較により，l と f が反比
例することがわかる。また，S と m が比例す
ることを利用して1回目の結果の S を 0.01 に
変えると，

$$S = 0.01, \quad l = 60, \quad m = 300, \quad f = 480$$

となる。これと6回目を比較すると，l と f が
反比例するので，

$$60 : ② = 720 : 480$$
$$② = 40$$

③ 1回目と2回目を比較することによって f^2
と m が比例することがわかる。また，1回目
と5回目を比較することによって，f^2 と S が
反比例することがわかる。これをもとにして，
1回目と7回目を比較すると，S は3倍，l は
$\frac{4}{3}$ 倍，m は $\frac{1}{3}$ 倍となっているので，

$$③ = 480 \times \frac{1}{\sqrt{3}} \times \frac{3}{4} \times \frac{1}{\sqrt{3}} = 120$$

(4)l は f に反比例するので，比例定数を i とす
ると，$f = \frac{i}{l}$ となる。また，m は f^2 に比例す
るので，比例定数を j とすると，$f = j\sqrt{m}$，さ
らに，S は f^2 に反比例するので，比例定数を
k とすると，

$$f = k \times \frac{\sqrt{m}}{l\sqrt{S}} = \frac{k}{l}\sqrt{\frac{m}{S}}$$

なお，(3)の①～③は，この式を求めてから，各
値を代入して求めてもよい。

(5)空気はもとの位置を中心に振動しているだけ
で進んではいかない。

▶ **95**

(1)**1360m**　(2)**380 回**

(3)**34m**　(4)**340**$(t_X - 2)$**〔m〕**

(5)**5.9秒**　(6)**400 回**

解説 (1)点Aから点Oまで音が届くのに4
秒かかっているので，

$$340〔m/s〕\times 4〔s〕= 1360〔m〕$$

(2)2秒間で760回の振動が観測されたので，

$$760〔回〕\div 2〔s〕= 380〔回/s〕$$

(3)台車に乗ったスピーカーが2秒間に移動し
た距離なので，

$$17〔m/s〕\times 2〔s〕= 34〔m〕$$

(4)AO間を移動する時間と比べて，BO間を移
動する時間は $(6 - t_X)$ 秒だけ短くなっている。
AO間を移動する時間は4秒なので，BO間を
移動する時間は $4 - (6 - t_X)$ 秒である。よって，
BO間の距離は，

$$340〔m/s〕\times \{4 - (6 - t_X)\}〔s〕= 340(t_X - 2)〔m〕$$

(5)(1)，(3)より，BO間の距離は，

$$(1360 - 34)〔m〕$$

また(4)より，BO間の距離は，$340(t_X - 2)〔m〕$
となっているので，これをまとめると，

$$1360 - 34 = 340(t_X - 2) \qquad t_X = 5.9〔s〕$$

(6)$5.9 - 4 = 1.9〔s〕$
したがって，1秒あたり，$760 \div 1.9 = 400〔回〕$

トップコーチ

●**ドップラー効果**

音を出している物体が近づいてくると，音
の波が縮められるため振動数が多くなり，
止まっているときより高い音に聞こえ，音
が聞こえていた時間は，音を出していた時
間より短くなる。また，音を出している物体
が遠ざかっていくと，音の波がのばされる
ため振動数が少なくなり，止まっていると
より低い音に聞こえ，音が聞こえていた時
間は，音を出していた時間より長くなる。こ
のような現象をドップラー効果という。救
急車が通りすぎた瞬間にサイレンの音が低
く聞こえるようになるのはこのためである。

▶**96**

①ア　②エ　③オ　④コ

解説　①速さは 340m/s, 距離は L〔m〕なので,

$$時間〔s〕= \frac{距離〔m〕}{速さ〔m/s〕} = \frac{L〔m〕}{340〔m/s〕}$$

②速さは 20m/s, 時間は T〔s〕なので,

$$距離〔m〕= 速さ〔m/s〕× 時間〔s〕$$
$$= 20〔m/s〕× T〔s〕$$

③救急車が最後の音を出した位置からＡさんまでの距離は, $(L-20T)$〔m〕なので, 最後の音がＡさんに伝わるのにかかる時間は,

$$時間〔s〕= \frac{距離〔m〕}{速さ〔m/s〕} = \frac{(L-20T)〔m〕}{340〔m/s〕}$$

④　$T〔s〕 + \dfrac{(L-20T)〔m〕}{340〔m/s〕} - \dfrac{L〔m〕}{340〔m/s〕}$

$$= \frac{340T + L - 20T - L}{340}$$

$$= \frac{320T}{340} = \frac{16}{17}T〔s〕$$

このように, Ａさんには T 秒間より短い音しか聞こえない。

▶**97**

(1)**340m/s**

(2)**346m/s**

(3)**0.6m/s**

(4)**ウ＞エ＞ア＞イ**

(5)**249m**

(6)① **680m 先**　　② **3m/s**

(7)**350m/s**

(8)**4m/s**

解説　(1) $\dfrac{136〔m〕}{0.4〔s〕} = 340$〔m/s〕

(2) $\dfrac{173〔m〕}{0.5〔s〕} = 346$〔m/s〕

(3) $\dfrac{346〔m/s〕- 340〔m/s〕}{24 - 14} = 0.6$〔m/s〕

(4)ア：空気中の音の速さは約 340m/s

イ：国内線の旅客機の速さは機種や航路によっても多少異なるが, ジェット機でおおむね 800km/h 前後である。これを秒速にすると, 約 222m/s である。

ウ：光の速さは約 30 万 km/s である。

エ：地球の 1 周の長さは約 40000km である。よって, 赤道付近の地球の自転の速さは 40000km/日なので, これを秒速にすると, 約 463m/s である。

トップコーチ

●**光の速さ**

光の速さは約 30 万 km/s で, 1 秒間に地球の赤道付近(約 4 万 km)を 7 周半できる。

(5)気温 19℃のときの音の速さは,

$$340〔m/s〕+ 0.6〔m/s〕×(19-14)$$
$$= 343〔m/s〕$$

Ａ君が鳴らした太鼓の音が校舎で反射してＢ君に届くまでに伝わった距離は,

$$343〔m/s〕× 1.6〔s〕= 548.8〔m〕$$

したがって, 校舎からＢ君までの距離は,

$$548.8 - 300.0 = 248.8 \cdots = 約 249〔m〕$$

(6)① 1 回目に鳴らしてから 3 回目に鳴らすまでにかかる時間は 2 秒である。気温 14℃のときの音の速さは, 340m/s なので,

$$340〔m/s〕× 2〔s〕= 680〔m〕$$

②Ａ君が 2 秒間で進んだ距離は,

$$343〔m〕× 2 - 680〔m〕= 6〔m〕$$

したがって, Ａ君が校舎に近づく速さは,

$$\frac{6〔m〕}{2〔s〕} = 3〔m/s〕$$

(7) $\dfrac{420〔m〕}{1.2〔s〕} = 350〔m/s〕$

(8)無風で気温 24℃のときの音の速さは, (2)より 346m/s である。このときの音の速さは,

$$\frac{525〔m〕}{1.5〔s〕} = 350〔m/s〕$$

(7)より, 追い風のときは風の速さの分だけ音の速さが早くなることがわかっているので, このときの風の速さは,

$$350〔m/s〕- 346〔m/s〕= 4〔m/s〕$$

3 力のはたらき

▶**98**

(1)ばね…**B**

理由…**B を 4cm 伸ばすには 200g のおもりが必要だが，A は，グラフより 100gのおもりですむ。**

(2)下図

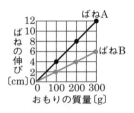

(3)**15cm** (4)**27cm** (5)**46cm**

解説 (1)ばね B に 100g のおもりをつるしたとき 17cm に，300g のおもりをつるしたとき 21cm になることから，ばね B を 4cm 伸ばすのに 200g のおもりが必要であることがわかる。

(2)ばね B は，100g で 2cm ずつ伸びている。

(3)おもりの質量が 100g のとき 17cm となっているので，17 − 2 = 15〔cm〕

(4)ばね A におもり C とおもり D の両方をつるしていることになるので，300g のおもりをつるしているときと同じ長さになる。グラフより，12cm 伸びるので，このときのばね A の長さは，15 + 12 = 27〔cm〕

(5)問題文より，ばね B に 200g のおもりをつるすと 19cm になるので，ばね A とばね B の全体の長さは，27 + 19 = 46〔cm〕

▶**99**

ア

解説 ばね C，D をつないだ装置の一方のおもりは，ばね B をつないだ装置の壁と同じはたらきをする。

▶**100**

(1)**0.70N**

(2)**0.50N**

(3)**0.20N**

(4)**0.20N**

解説 (1)1N は，100g の物体にかかる重力とほぼ等しい（ほかの問題でも，N についての条件が書かれていなければ，1N は 100g の物体にかかる重力と等しいとして考える）。したがって，70g の物体にかかる重力を x〔N〕とすると，

$$1 : x = 100 : 70$$
$$x = 0.70 〔N〕$$

(2)ばねの伸びが 5.0cm となっているので，50gのおもりをつるしたときと同じ大きさの力がかかっている。ばねにかかっている力と同じ大きさの力でばねがおもりを引いているので，この力を x〔N〕とすると，

$$1 : x = 100 : 50$$
$$x = 0.50 〔N〕$$

(3)(4)おもりにはたらく重力は，ばねがおもりを引く力と台ばかりがおもりを押し上げる力の和に等しい。台ばかりがおもりを押し上げる力をx〔N〕とすると，

$$0.70 = 0.50 + x$$
$$x = 0.20 〔N〕$$

これはおもりが台ばかりの台を押す力に等しい。

質量・重力 最重要

①質量…てんびんなどではかる物質の量。単位は，g（グラム），kg（キログラム）。

②重力…地球の中心に向かって，地球が物体を引く力。単位は，ほかの力と同じように，N（ニュートン）を使う。また，1N は約 100g の物体にはたらく重力と同じである。

▶**101**

(1)① **6**　② **4**　③ **3**

④ **500**　⑤ **12**

(2)下図

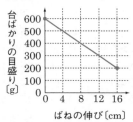

横軸：ばねの伸び〔cm〕

縦軸：台ばかりの目盛り〔g〕

解説　(1)① 600 ÷ 100 = 6〔N〕

②物体 B が物体 A を押す力と等しいので,

　　400 ÷ 100 = 4〔N〕

③ばねに 1N の力がかかっているので, 物体 B が物体 A を押す力は, 4−1 = 3〔N〕であり, これは, 物体 A が物体 B を押す力に等しい。

④台ばかりにかかる力は, 物体 A にかかる重力と物体 B が物体 A を押す力の和である。

したがって 2+3 = 5〔N〕であり,

目盛りは 500g を示す。

⑤ばねにかかる力

　= (物体 A にかかる重力 + 物体 B にかかる

　　重力) − 台ばかりにかかる力

　= (2+4) − 3

　= 3〔N〕

したがって, ばねの伸びは,

　　4〔cm〕× 3 = 12〔cm〕

(2)ばねの伸びが 0 のときの台ばかりの示す値は,

　　200 + 400 = 600〔g〕

ばねの伸びが 16cm のときにばねにかかる力は,

　　16 ÷ 4 = 4〔N〕

このとき台ばかりが示す値は,

　　600 − 400 = 200〔g〕

▶**102**

右図

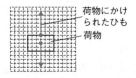

荷物にかけられたひも

荷物

解説　重力の向きは鉛直下向きである。また, 重力を示す矢印の作用点は, 特に指示のない場合その物体の中心(重心)とする。

▶**103**

(1)ク　(2)エ, カ

解説　(1)本 A が本 B に対して, 本 A にはたらいている重力と同じ大きさの力をおよぼしている(本 1 冊分)。地球が本 B に対して重力をおよぼしている(本 1 冊分)。本 C は本 B から本 A と本 B にはたらく重力の和と同じ大きさの力をおよぼされるので, 同じ大きさで逆向きの力を本 C が本 B に対しておよぼす(本 2 冊分, これは反作用である)。したがって,

　　　本 A：本 C：地球 = 1：2：1

となる。

(2)クリップに力をおよぼしているのは, 棒磁石, 地球, 糸である。このうち, 地球によってクリップに下向きにはたらく重力と, 糸がクリップを下向きに引く力の和は, 棒磁石がクリップを上向きに引く力と等しくなる(つり合う)ので, クリップは静止している。棒磁石, 地球, 糸があり, 棒磁石の引く力が地球と糸の引く力の和に等しくなっているのは, エとカである。

▶**104**

(1)×　(2)×　(3)×

解説　(1)物体にはたらいている力は, F_1, F_2, F_3, F_4 である。

(2)つり合う力は同じ物体にはたらいている力なので，F_1 とつり合う力は F_2 である。

(3)つり合う力どうしが打ち消しあうので，つり合う力を考えればよい。F_3 と打ち消しあっている（つり合っている）力は F_4 である。

2つの力がつり合う条件 最重要
①大きさが等しい。
②向きが逆向きである。
③同じ作用線上（一直線上）にある。

▶ **105**

(1)① a…ア　b…イ　c…キ　d…ク
　　② a…オ　b…エ　c…サ　d…コ

(2)① d, e, f　② a…**1.5N**　f…**3.5N**

(3)右図

解説　(1)①ばねの長さが自然の長さ（20cm）より短い 15cm になっているので，ばねが手によって押し縮められていることがわかる。よって，a はばねが壁を押す力（ア），b は壁がばねを押す力（イ），c は手がばねを押す力（キ），d はばねが手を押す力（ク）である。このとき，手がばねを押す力 c とつり合っている力は，壁がばねを押す力 b である。

②ばねの長さが自然の長さより長い 30cm になっているので，ばねが手によって引き伸ばされていることがわかる。よって，a は壁がばねを引く力（オ），b はばねが壁を引く力（エ），c はばねが手を引く力（サ），d は手がばねを引く力（コ）である。このとき，手がばねを引く力 d とつり合っているのは，壁がばねを引く力 a である。

(2)ばねの長さが自然の長さ（20cm）より短い 15cm になっているので，手によって，ばねを下に押し下げようとする力（押し縮めようとする力）がはたらいている。

① a はばねが手を押す力，b は手がばねを押す力，c は物体Pがばねを押す力，d はばねが物体Pを押す力，e は物体Pにはたらく重力，f は電子てんびんが物体Pを押す力，g は物体Pが電子てんびんを押す力である。

②このばねを 1cm 伸ばすのに 0.3N の力がかかるので，1cm 縮めるのにも 0.3N の力が必要である。よって，5cm 縮めるために必要な力は，

　　$0.3×5=1.5$〔N〕

これが，手がばねに加えた力 b である。また，a と b の大きさは等しいので，a の大きさも 1.5N である。

また，物体Pが電子てんびんを押す力 g の大きさは，物体Pにはたらく重力 e とばねが物体Pを押す力 d（$d=b$）の和となるので，

　　$2.0+1.5=3.5$〔N〕

また，f と g の大きさは等しいので，f の大きさも 3.5N である。

(3)自然の長さが 20cm のばねが 10cm になっているということは，ばねが 10cm 縮んでいるということである。よって，上から手でばねを押し縮めている力の大きさは，

　　$0.3×10=3$〔N〕

したがって，このとき電子てんびんが示す値は，物体Pにはたらく重力と手がばねを押す力の和に相当する重力を受ける物体の質量なので，

　　$2+3=5$〔N〕→ 500〔g〕

手を上方に 10cm 上げると，ばねの長さが自然の長さである 20cm になるので，電子てんびんには物体Pにはたらく重力だけがかかるため，電子てんびんの示す値は物体Pの質量と同じ 200g となる。したがって，(0, 500)，(10, 200) の2点を通る直線を引き，横軸と交わったところで物体Pが浮き上がるので，その後の電子てんびんの表示はずっと 0g である。

▶**106**

(1)**52g** (2)**5.5cm**

（解説）(1)ばね1，ばね2のどちらにもおもり
Bをつるしたときと同じ大きさの力がかかる。
図1より，ばね1の長さが3.2cmとなってい
るのは，おもりの質量が40gのときである。
したがって，木片Aの質量は，

$\quad$ 40＋12＝52〔g〕

(2)ばね1，ばね2のどちらにも木片Aをつる
したときと同じ大きさの力がかかっている。図
1より，おもりの質量が52gのときのばね2の
長さは5.5cmである。

▶**107**

(1)**7.6cm**

(2)**物体Bの質量…460g**

ばねXの伸び…16.8cm

(3)①**長さ…46.4cm，力…5.8N**

②**長さ…50.0cm，力…4.6N**

③**長さ…53.9cm，力…3.3N**

（解説）(1)ばねXは1Nで2cm伸びているので，
380gの物体Aを取りつけたときのばねXの伸
びをxとすると，

$\quad$ $1:3.8＝2:x$ $\quad$ $x＝7.6$〔cm〕

(2)ばねYは1Nで3cm伸びているので，
13.8cm伸ばすために加えた力をxとすると，

$\quad$ $1:x＝3:13.8$ $\quad$ $x＝4.6$〔N〕

したがって，物体Bの質量は460gとわかる。
次に，ばねXに加わる力は，3.8＋4.6＝8.4〔N〕
である。このときのばねXの伸びをxとすると，

$\quad$ $1:8.4＝2:x$ $\quad$ $x＝16.8$〔cm〕

(3)①ばねXの伸びが5.2cmとなっている。こ
れは，図1のように物体Aのみをつるしたと
きより2.4cm短い。このようになるのは，ば
ねXを2.4cm縮ませる力で押し上げられてい
るからだと考えられる。ばねXを2.4cm縮ま
せる力をxとすると，

$\quad$ $1:x＝2:2.4$ $\quad$ $x＝1.2$〔N〕

ばねYにも1.2Nの力が加えられて縮んでいる
ので，このときのばねYの縮みをyとすると，

$\quad$ $1:1.2＝3:y$ $\quad$ $y＝3.6$〔cm〕

したがって，ばねYの長さは，

$\quad$ $50－3.6＝46.4$〔cm〕

また，板にはこの1.2Nと物体Bにはたらいて
いる重力4.6Nが加わっているので，板が物体
Bから受ける力の大きさは，

$\quad$ $1.2＋4.6＝5.8$〔N〕

②ばねXの伸びが7.6cmとなっている。これは，
物体Aのみをつるしたときと同じである。こ
れは，ばねYは物体Aに力を加えていないと
いうことを表すので，ばねY自体にも力が加
えられていないことになる。よって，ばねY
の長さは50.0cmのままである。したがって，
板が物体Bから，物体Bに加わる重力と同じ
大きさの力を受けていることになる。物体B
に加わる重力は4.6Nなので，板が物体Bから
受ける力の大きさも4.6Nである。

③ばねXの伸びが10.2cmとなっている。これ
は，物体Aのみをつるしたときより2.6cm長い。
このようになるのは，ばねXを2.6cm伸ばす
力でばねYによって下に引かれているからで
ある。ばねXを2.6cm伸ばす力をxとすると，

$\quad$ $1:x＝2:2.6$

$\quad$ $x＝1.3$〔N〕

ばねYも1.3Nの力で下に引かれているので，
このときのばねYの伸びをyとすると，

$\quad$ $1:1.3＝3:y$

$\quad$ $y＝3.9$〔cm〕

したがって，ばねYの長さは，

$\quad$ $50＋3.9＝53.9$〔cm〕

また，板には物体Bにはたらいている重力から，
この1.3Nを除いた力が加わっているので，板
が物体Bから受ける力の大きさは，

$\quad$ $4.6－1.3＝3.3$〔N〕

3編 実力テスト

1

(1)ア　(2)エ

(3)おおう前の像より暗くなる。　(4)イ

解説　(1)凸レンズから焦点距離の2倍だけ
離れた位置に物体を置くと，反対側で，凸レン
ズから2倍だけ離れた位置に物体と同じ大き
さの像ができる。この位置より凸レンズから離
れるにつれて実像は小さくなり，この位置より
凸レンズに近づくにつれて実像は大きくなる。
この問題の凸レンズの焦点距離は8cmなので，
焦点距離の2倍である16cm以上離れた位置に
物体を置くと，物体より小さい実像ができる。

(2)実像は，上下左右が逆になった(180°回転し
た)像となる。

(3)物体のどこから出た光でも，一部が凸レンズ
の上半分を通る。凸レンズの上半分を通ったあ
との光の道筋は，凸レンズの下半分を黒い厚紙
でおおっても変わらない。よって，できる像の
形や大きさ，向きなどは変わらないが，下半分
を通っていた光が届かなくなるので，像が暗く
なる。

(4)凸レンズと物体を近づけていくと，実像がで
きる位置は凸レンズから遠ざかっていくが，実
像の大きさは大きくなっていく。しかし，物体
の位置が凸レンズの焦点まで近づくと実像は結
ばなくなり，さらにそれ以上物体を凸レンズに
近づけても実像は結ばない。しかし，物体を凸
レンズの焦点より近づけたときに，白い厚紙の
あるほうから凸レンズを通して物体をのぞくと，
上下左右はそのままで物体より大きい像が見え
る。この像を虚像という。

2

(1)ウ

(2)①ア　②ウ　③イ　④イ

(3)**4.2秒**

解説　(1)発音体(音源)が振動することにより，
空気が押されて，空気の密度が濃いところとう
すいところができる。これが音の波である。こ
の音の波が進む方向に空気が振動するが，空気
は進んではいかない。

(2)①太鼓を強くたたくと大きい音が出て，弱く
たたくと小さい音が出る。

②フルートとクラリネットで同じ旋律を吹いて
も，音色が違うので区別できる。

③長い試験管だと空気が振動する部分が長くな
り振動数が小さくなるため低い音が出る。短い
試験管だと空気が振動する部分が短くなり振動
数が大きくなるため高い音が出る。

④弦を張る力を強くすると，振動数が大きくな
るため高い音が出る。

(3) $1400 (m) \div 4 (s) = 350 (m/s)$

これは，無風状態の340m/sより10m/sだけ速
くなっているので海岸から船に向かって10m/s
の風が吹いていると考えられる。船から海岸へ
向けて音を出すときは，この風が逆風となるた
め，音が船から海岸へ伝わるときの音の速さは，
$340 - 10 = 330 (m/s)$ となる。したがって，船
から海岸にいる人に音が達するまでの時間は，

$$1400 (m) \div 330 (m/s)$$
$$= 4.24 \cdots (s)$$
$$= 約 4.2 (s)$$

3

(1)**0.025N**　(2)**2cm**　(3)**6cm**

(4)**5cm**　(5)**4cm**

解説　(1)図2より，ばねAは10gのおもり
をつるすと2cm伸びることがわかる。図3の
ときは，台ばかりが少し持ち上げることによっ
て0.5cmばねが縮んだと考えられる(2-1.5=
0.5)。10gのおもりにはたらく重力の大きさは
0.1Nなので，台ばかりの示す値を $x (N)$ とす
ると，

$$0.1 : x = 2 : 0.5 \qquad x = 0.025 (N)$$

(2)片方のおもりが壁や天井と同じはたらきをしているので，図1の状態で 10g のおもりをつるしているのと同じである。よって，グラフより 2cm と読みとることができる。

(3)ばね A とばね B の両方に 10g のおもり 2 個分(20g)にかかる重力と同じ力がかかる。図2より，ばね A に 20g のおもりをつるしたときは 4cm 伸び，ばね B に 20g のおもりをつるしたときは 2cm 伸びている。よって，ばね A と B の伸びの和は，

$$4+2=6〔cm〕$$

(4)ばね A には 10g のおもり 2 個分(20g)にかかる重力と同じ力がかかり，ばね B には 10g のおもり 1 個分(10g)にかかる重力と同じ力がかかる。図2より，ばね A に 20g のおもりをつるしたときは 4cm 伸び，ばね B に 10g のおもりをつるしたときは 1cm 伸びる。よって，ばね A と B の伸びの和は，

$$4+1=5〔cm〕$$

(5)ばね A には 10g のおもり 1 個分(10g)にかかる重力と同じ力がかかり，ばね B には 10g のおもり 2 個分(20g)にかかる重力と同じ力がかかる。図2より，ばね A に 10g のおもりをつるしたときは 2cm 伸び，ばね B に 20g のおもりをつるしたときは 2cm 伸びる。よって，ばね A と B の伸びの和は，

$$2+2=4〔cm〕$$

▶ **4**

(1)**12N** (2)**向き…上向き 大きさ…4N**

(3)**1N** (4)①**ア，ウ，エ** ②**イ**

解説 (1)右図のように，輪軸の中心を支点としたてこのつり合いとして考えることができる。A の重さを $x〔N〕$ とすると，

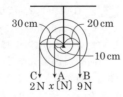

$$2×30+x×10=9×20 \qquad x=12〔N〕$$

(2)点 P に下向きに $x〔N〕$ の力を加えるとする。

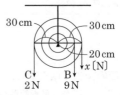

$$2×30=9×20+x×30 \qquad x=-4〔N〕$$

よって，上向きに 4N の力を加える。

(別解)図1で，A は反時計回りに回転させようとするはたらきをしているから，点 P で A の代わりをするには，反時計回り，つまり上向きに，

$$12×10=x×30 \qquad x=4〔N〕$$

の力を加えればよい。

(3)輪軸の重心は円の中心にある。右図のように天井からつるしたひもが輪軸にかかっている点を支点として，輪軸の重さを $x〔N〕$ とすると，

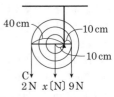

$$2×40+x×10=9×10 \qquad x=1〔N〕$$

(4)問題文の指示に従い，回転の基準点は下の図のように輪軸と水平面との接点にとる。物体を回転させるはたらきは，(回転の基準点からの距離)×(物体を回転させる向きの力の大きさ)で求められる(てこの原理)。垂直抗力と摩擦力は基準点にはたらく力なので，いずれも基準点からの距離が 0 になる。よって，どちらも回転させるはたらきは 0 である。また，重力は輪軸の中心から基準点のほうに向かってはたらく力なので，回転させるはたらきはもっていない。ここで，輪軸は基準点から見て時計回りに転がっていくので，与えられた 4 つの力のうち少なくとも 1 つは輪軸を基準点を中心として時計回りに回転させるはたらきがあるはずである。よって，残った張力が時計回りに回転させるはたらきをもっていることになる。

回転の基準点

4編 大地の変化

1 火山と火成岩

▶ *108*

(1)カ　(2)オ

(3)あ…地下深く

い…地上に出て急速に固まった

解説　(1)傾斜が急な火山は，ねばりけの大きいマグマによってできる。ねばりけの大きいマグマは冷えて固まると，白っぽい岩石となる。また，噴火ははげしい爆発をともなう。

(2)傾斜がゆるやかな火山は，オのマウナロア山である。イの雲仙普賢岳とエの有珠山は傾斜が急で，アの桜島とウの富士山は中間ぐらいである。オのマウナロア山のような傾斜がゆるやかな火山を楯状火山，イの雲仙普賢岳やエの有珠山のように傾斜が急な火山を溶岩ドーム（溶岩円頂丘），アの桜島やウの富士山などのように中間ぐらいの傾きの火山を成層火山という。

溶岩のねばりけと火山の形　最重要

ねばりけ弱⇨溶岩がおだやかに流れ出て横に広がり，楯状火山ができる。

ねばりけ中⇨比較的激しい噴火をし，傾斜の急な円すい形の成層火山ができる。

ねばりけ強⇨激しい噴火をし，溶岩が盛り上がって，つりがね状の溶岩ドームができる。

(3)斑晶は，まだマグマが地下にあったころにゆっくり冷やされて結晶になった部分である。また，石基は，マグマが地上または地表付近で急速に冷やされて固まった部分である。急に冷やされると固体となるが，結晶が成長することはできない。

火山岩　最重要

マグマが地表または地表付近で急速に冷やされて，固まってできた岩石である。つくりは斑状組織（斑晶＋石基）となっている。

(例)流紋岩，安山岩，玄武岩

深成岩

マグマが地下深くでゆっくりと冷やされて固まった岩石である。つくりは等粒状組織（大きい結晶だけ）となっている。

(例)花こう岩，せん緑岩，斑れい岩

トップコーチ

●火山岩中の斑晶のでき方

上の(3)の(あ)で，斑晶ができた場所を地表近くとして間違えた人が多いと思う。斑状組織中のものはすべて地表近くで冷え固まってできたと思っていると，そのような間違いをする。火成岩中の鉱物の結晶は，斑状組織，等粒状組織に限らず，ゆっくり冷えた場合だけ結晶化して大きくなる。火山岩の場合も，マグマが地下にある間にその一部は結晶化しており，大きな斑晶に成長している。

▶ *109*

(1)①ア　②カ　③オ

④キ　⑤ウ　⑥ク

(2)カ

解説　(1)①⑤安山岩も花こう岩も火成岩であるが，ここでは安山岩と花こう岩を分類しているので，安山岩などの①はアの火山岩，花こう岩などの⑤はウの深成岩とすべきである。

②〜④マグマの一部は，地下深くで，ある程度結晶化している。このような結晶化した部分を含むマグマが地表，または地表付近で急速に冷やされると，結晶化していなかった部分はそのまま結晶化せずに固まるので，結晶化していな

い鉱物の中に地下深くで結晶化していた部分が入っているようなつくりとなる。このうち，結晶化している比較的大きい鉱物を**斑晶**，結晶化していない細かい部分を**石基**といい，このような岩石のつくりを**斑状組織**という。

⑥マグマが地下深くでゆっくり冷やされると，各鉱物が大きな結晶に成長して，結晶がぎっしりつまったようなつくりとなる。このような岩石のつくりを**等粒状組織**という。

(2)無色鉱物はセキエイとチョウ石だけで，その他は有色鉱物である。したがって，セキエイとチョウ石が入っていない組み合わせの力を選べばよい。

▶ ***110***

①コ　②ク

解説　①火山岩を白っぽいものから並べると，流紋岩→安山岩→玄武岩の順となる。深成岩を白っぽいものから並べると，花こう岩→せん緑岩→斑れい岩の順となる。

▶ ***111***

(1)マグマ　(2)水蒸気

(3)エ　(4)ア

(5)斑状組織

(6)①斑晶　②石基

(7)イ　(8)ア

解説　(1)地下のマグマが上昇してくることにより，火山性地震や噴火が起こる。

(2)火山噴出物の中の気体を**火山ガス**という。火山ガスの大部分は水蒸気で，そのほかに二酸化炭素や二酸化硫黄なども含まれている。

(3)ハワイのマウナロア山は，ねばりけが弱いマグマによってできた代表的な火山で，大量のマグマがおだやかに流れ出すような比較的ゆるやかな噴火をし，マグマによってすそが広がった傾斜のゆるやかな火山となっている。

(4)日本上空では，1年中，**偏西風**という強い西風がふいている。そのため，火山灰などは，噴火口より東へ流されていきやすい。関東ローム層は，箱根山や富士山，浅間山などの火山の噴火によって噴出された火山灰などが，偏西風によって東に流されて堆積してできた火山灰層である。

(5)(6)マグマが地表または地表付近で急速に冷やされて固まると，すでに地下深くで結晶化していた①の斑晶の部分と，マグマが急速に冷やされて結晶化しなかった②の石基の部分からなる斑状組織となる。このようなつくりをした火成岩を**火山岩**という。

(7)ウの花こう岩とエのはんれい岩は，マグマが地下深くでゆっくり冷やされて固まった深成岩である。アの流紋岩とイの玄武岩は火山岩であるが，流紋岩は無色鉱物のセキエイやチョウ石を多く含むため白っぽい。玄武岩はカンラン石やキ石，カクセン石などの有色鉱物を多く含むため黒っぽい。

(8)玄武岩には，無色鉱物の中でもチョウ石は含まれているが，セキエイはほとんど含まれていない。

▶ ***112***

(1)ア　(2)ウ

(3)ア　(4)イ

解説　(1)①は，地上に噴出したマグマが固結した火山岩なので，流紋岩，安山岩，玄武岩などがある。この中で，固結する前の溶岩の粘性が小さく，固結したあとの石基が黒っぽいのは玄武岩である（まったく逆なのが流紋岩で，粘性が強くて白っぽい。安山岩は中間の性質をもつ）。②は，マグマが地下深部で固結した深成岩なので，花こう岩，せん緑岩，はんれい岩などがある。この中で，玄武岩と同じ成分をもつのははんれい岩である（まったく逆なのが花こう岩で，せん緑岩は中間の性質をもつ）。

(2)斑晶は，マグマが地下深くにあったときにすでに結晶化していた部分で，空洞に成長したのではない。石基は，地表または地表付近に出てきたマグマが急速に冷却されてできた小さな結晶や，結晶になれなかったガラス質からできている。

(3)玄武岩をつくったマグマは粘性が小さいので，火口から薄く広がるように流れ出し，すそが広がった傾斜の小さい火山をつくる。また，表面はマグマが流れ出したときにできた縄状のしわができることが多い。イやエは，粘性が大きいマグマによってできた溶岩ドームの特徴であり，ウは，粘性が中間程度のマグマによってできた成層火山の特徴である。

(4)ア：深成岩の硬度は大きく，爪などでは傷つかない。

ウ：はんれい岩は，ほとんどセキエイを含んでいない（セキエイは無色鉱物なので，これを多く含むと白っぽくなる）。

エ：はんれい岩は，ほとんど鉛を含んでいない。よって，イが正しい。はんれい岩は，キ石，カンラン石，カクセン石などの有色鉱物を多く含むため，黒い色調をしている。

▶ 113

(1)あ…イ　い…エ
(2)A…イ　B…オ
(3)③

解説　(1)地下の岩石が溶けた物質をマグマという。これが地上に出てくるとき，溶岩や火山灰，火山ガスなどに姿を変えるのである。マグマのねばりけが小さいと，多量の溶岩が噴水のように流れ出して，すそに広がっていくので，ハワイのマウナロア山のように，傾斜の小さいなだらかな火山をつくる。

(2)A：このように，比較的大きい結晶がぎっしりつまっているようなつくりを等粒状組織という。このようなつくりとなるのは，マグマが地

下深くでゆっくり冷やされたためで，このような火成岩を深成岩という。また，無色鉱物であるセキエイやチョウ石の割合が多いということから，白っぽい深成岩である花こう岩ではないかと推測される。

B：このように，結晶になっていない石基とよばれる部分の中に，比較的大きな結晶である斑晶とよばれる部分があるようなつくりを斑状組織という。このようなつくりとなるのは，マグマが地表または地表付近で急速に冷やされたためで，このような火成岩を火山岩という。また，セキエイは見られず，キ石やカンラン石などの有色鉱物の割合が多いということから，黒っぽい玄武岩ではないかと推定できる。

(3)火砕流は，ねばりけの強い溶岩が噴火口を一時的にふさぐことによって（ときには溶岩ドームをつくることもある），次々に発生する水蒸気で内部が超高圧になり，その圧力に耐えきれずにできた溶岩の亀裂から，一気に高温高圧の水蒸気がまわりの火山灰などとともにふき出してくることによって起こる。

▶ 114

(1)1…火山岩　2…深成岩
(2)1…斑状組織　2…等粒状組織
(3)① a…カクセン石　b…カンラン石
c…セキエイ　d…キ石
② A…花こう岩　B…安山岩
C…玄武岩
(4)楯状火山
(5)C
(6)ウ

解説　(1)(2)マグマが地表付近で急激に冷えて固まると，大きな結晶になりきれないまま固まった石基とよばれる部分の中に，地下で比較的大きな結晶となっていた斑晶とよばれる部分が見られる斑状組織となる。このような火成岩を火山岩という。

また，マグマが地下深くでゆっくり冷やされて固まると，それぞれの鉱物が大きな結晶となってぎっしりつまったつくりの等粒状組織となる。このような火成岩を深成岩という。

(3)①わかりやすい無色鉱物から順に確認する。

c：水晶とよばれることがあるのはセキエイである。

f：ほとんどの岩石に含まれるのはチョウ石である。したがって，残りは有色鉱物である。

a：有色鉱物で，結晶が長柱状となるのはカクセン石である。

b：黄緑色で，不規則に割れるのはカンラン石である。

d：有色鉱物で，結晶が短柱状となるのはキ石である。

e：うすくはがれるように割れるのはクロウンモである。

②SiO₂（二酸化ケイ素）を含む割合が多いほど，白っぽい岩石となる。

火成岩A：無色鉱物であるcのセキエイ，fのチョウ石と有色鉱物であるeのクロウンモからできていて，SiO₂の含有量が大きい深成岩（下線部2のようなでき方をすることから）なので，白っぽい深成岩の花こう岩であると推定される。

火成岩B：無色鉱物であるcのセキエイ，fのチョウ石と有色鉱物であるaのカクセン石，dのキ石からできていて，SiO₂の含有量は火成岩Aと火成岩Cの中間程度の火山岩（下線部1のようなでき方をすることから）なので，灰色っぽい火山岩の安山岩であると推定される。

火成岩C：無色鉱物はfのチョウ石しか含んでおらず，その他には有色鉱物であるbのカンラン石とdのキ石からできていて，SiO₂の含有量が小さい火山岩（下線部1のようなでき方をすることから）なので，黒っぽい火山岩の玄武岩であると推定される。

(4)SiO₂の含有量が大きいと，マグマのねばりけが強くなる。

SiO₂の含有量が小さいマグマにより火山が噴火すると，溶岩が流れ出てすそまで広がり，傾斜がゆるく，盾をふせたような形の火山となる。このような火山を楯状火山という。

その他，SiO₂の含有量が大きいマグマによる火山は，溶岩が盛り上がって傾斜が大きくなり，溶岩ドームまたは溶岩円頂丘とよばれる。

また，SiO₂の含有量が楯状火山と溶岩ドームの中間ぐらいであると，爆発的な噴火とともに溶岩が流れ出し，火山灰も大量に噴出するため，噴火のたびに溶岩と火山灰が交互に堆積していく。このような火山は，成層火山とよばれる。

(5)楯状火山をつくるマグマは，SiO₂の含有量が小さいので，冷えると黒っぽくなる。また，噴火によって地上に出たマグマが急速に冷やされると，火山岩となる。黒っぽい火山岩は，Cの玄武岩である。

(6)ウのマウナロアは楯状火山，アの昭和新山とオの雲仙普賢岳は溶岩ドーム，イの浅間山とエの桜島は成層火山である。

▶ *115*

(1)A…カ　B…ウ

(2)イ

(3)エ

(4)ウ

解説　(1)A：マグマのねばりけが小さいと，噴火によって流れ出した溶岩が広がって，マウナロア山のような，すその広い楯状火山となる。また，このような火山は，液体状の溶岩が噴火口からどんどん流れ出していくので内部の水蒸気も同時に出ていきやすいため，激しい爆発的な噴火は起こらない。

B：マグマのねばりけが大きいと，溶岩が盛り上がってきて，雲仙普賢岳のような溶岩ドームとなる。

また，このような火山は，内部に水蒸気が閉じこめられて高圧になるため，噴出物を空高くまでふき上げたり，火砕流を起こすような激しい爆発的な噴火を起こすことが多い。

(2)無色鉱物のセキエイ（透明）とチョウ石（白色）以外は，有色鉱物と考えてよい。

(3)(4)玄武岩とはんれい岩，安山岩とせん緑岩，流紋岩と花こう岩は，どの組み合わせも成分はほとんど同じで，固まり方の違いによって結晶のつくりが異なっているのである。

玄武岩，安山岩，流紋岩は地上または地上付近でマグマが急速に冷やされ，肉眼では斑点のように見える比較的大きな結晶となった斑晶とよばれる部分が，結晶になれずに肉眼ではわからない細かい粒のまま固まった石基とよばれる部分に囲まれたつくりとなる。このようなつくりを斑状組織といい，このようなつくりをした火成岩を火山岩という。

はんれい岩，せん緑岩，花こう岩は地下深くでマグマがゆっくり冷やされ，肉眼で見分けられるような大きな結晶が組み合わさったようなつくりとなる。このようなつくりを等粒状組織といい，このようなつくりをした火成岩を深成岩という。

▶ *116*

(1)斑状組織

(2)石基

(3)花こう岩

解説　(1)(2)岩石Ａは，結晶になることができなかった小さい粒やガラス質でできた石基の中に比較的大きな結晶となった斑晶が見られる。このようなつくりを斑状組織といい，火山岩の特徴である。

(3)岩石Ｂは，大きな結晶がぎっしり詰まっている。このようなつくりを等粒状組織といい，深成岩の特徴である。深成岩の中で，無色鉱物であるセキエイやチョウ石が多く，有色鉱物がほとんどクロウンモしか含まれていないのは，白っぽい花こう岩である。

▶ *117*

(1)円錐形をしているから。

中心がくぼんでいるから。

など

(2)山の表面全体が，荒れ地になっているから。

(3)火山の傾斜を示すと，およその形がわかるから。

(4)下図

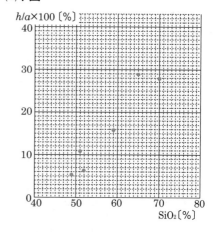

(5)二酸化ケイ素の割合が大きいほど，マグマのねばりけは大きくなる。

(6)**23%**　(7)**64%**

解説　(1)まわりの等高線とは関係なく，大室山のふもと（標高 345.1m あたり）から円形の等高線が密になっている。これは，ふもとあたりから急に円錐状に盛り上がっていることを示す。これは，典型的な火山の形である。また，その円錐の頂点のあたりにある凹地は噴火口であると考えられる。

(2)大室山の表面は，すべて荒れ地となっている。これは，最近噴火したことにより，流れ出した溶岩や噴出した高温の火山灰などによって，植物が焼きつくされたためであると推定できる。噴火から長い時間がたっていれば，植物によっておおわれているはずである。

(3) a や h だけでは，大きさを表すことはできるが，形を表すことはできない。しかし，各火山の傾斜を示すことによって，おおよその形を示すことができる。h/a は，火山のすそ野の広さに対する高さの割合なので，この値が大きいほど傾斜が大きいと考えられる。

(4) 横軸も縦軸も，1目盛りが1%を示す。

(5) 次図のように，(4)でグラフにかいた各点の近くを通る直線を引くと，二酸化ケイ素の割合が大きくなるほど，$h/a \times 100$ の値が大きくなることがわかる。

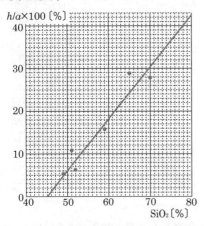

$h/a \times 100$ の値は傾斜を示すので，二酸化ケイ素の割合が大きくなるほど，傾斜が大きくなるといえる。傾斜が大きくなるのは，火山をつくったマグマのねばりけが大きいためである。

(6) 地図より，大室山の a の値は約 1000m，h の値は

$$579.6 - 345.1 = 234.5 \,(\mathrm{m})$$

なので，

$$(h/a) \times 100$$
$$= (234.5 \div 1000) \times 100$$
$$= 23.45 = 約 23 \,(\%)$$

(7) (4)の解説でかいたグラフを読みとると，縦軸 $(h/a) \times 100$ の値が23%のとき，横軸(二酸化ケイ素の量)の値は64%となっている。

2 地 震

▶ **118**
(1) **7.5km/s**
(2) **初期微動継続時間**
(3) **50km** (4) **震央**
(5) **40km** (6) **イ**

解説 (1) A 地点の値を使って求めると，
$$45〔km〕 ÷ 6〔s〕 = 7.5〔km/s〕$$
この問題では，B 地点や C 地点の値を使って求めても誤差は出ない。

(2) P 波が届いてから S 波が届くまでは，P 波による初期微動が続いている。そのため，この間の時間を初期微動継続時間という。

(3) P 波の速さと S 波の速さは一定なので，初期微動継続時間は震源からの距離に比例する。A 地点での初期微動継続時間は 9 秒なので(15 秒 − 6 秒 = 9 秒)，D 地点の震源からの距離を x とすると，
$$45〔km〕:x〔km〕= 9〔s〕:10〔s〕$$
$$x = 50〔km〕$$

(4) 地下の地震が発生した地点を震源，震源の真上の地表上の地点を震央という。

(5) 下図のように，震源から D 地点までの距離が 50km，震央から D 地点までの距離が 30km なので，震源の深さ(震源から震央までの距離)を x として，三平方の定理を使って x を計算すると，
$$50^2 = 30^2 + x^2$$
$$x = 40〔km〕 \quad (x > 0)$$

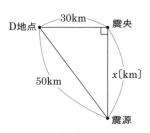

直角三角形の辺の比で，斜辺：もう 1 辺の比が，

5：3，または 5：4 になったとき，3 辺の比が，3：4：5(斜辺が 5)になることを利用してもよい。

(6) ア：震度は 0，1，2，3，4，5 弱，5 強，6 弱，6 強，7 の 10 段階に分けられているので正しくない。

イ：このような現象は埋め立て地などで多く発生し，液状化現象といわれる。

ウ：ほとんどの地震の震源地は地下 700km より浅いので正しくない。

エ：マグニチュードの数値が 1 増えると，エネルギーは約 32 倍に，マグニチュードの数値が 2 増えると，1000 倍となる。

▶ **119**
(1)① **初期微動** ② **エ**
(2)① **マグニチュード** ② **イ，オ**
(3) **ア**

解説 (1)① a のようにはじめに起こる小さなゆれを初期微動，あとから起こる大きなゆれを主要動という。

② 震源からの距離が 8km のとき，P 波が届くまでに 1 秒間，S 波が届くまでに 2 秒間かかるので，初期微動継続時間は 1 秒間となる。震源からの距離は，およそ初期微動継続時間に比例するので，初期微動継続時間が 16 秒間続いた地点の震源からの距離を $x〔km〕$ とすると，
$$1〔s〕:16〔s〕= 8〔km〕:x〔km〕$$
$$x = 128〔km〕$$
したがって，最も近いのはエの 125km である。

(2)① 震度は各地点でのゆれの大きさ，マグニチュードは地震の規模(エネルギー)の大小を表すものである。

② ア，イ：震度は震源からの距離や土地の状況などによっても変わる。たとえば，震源からの距離が近ければ，マグニチュードが小さくても震度が大きくなることもある。よって，アは×で，イは○。

ウ：ゆれが小さくても，遠くの海底でマグニチュードの大きな地震が発生していることも考え

られる。地震の発生場所が遠くても，津波は小さくならないままおしよせてくることがあるので，海岸にいると危険である。よって，**ウ**は×。
エ，オ：マグニチュードの小さい地震でも，震源が浅くて都市に近ければ，兵庫県南部地震のように大災害になることもある。また，震度が小さくても，土砂崩れなどによって大きな被害をもたらす災害が起こることもある。よって，**エ**は×で，**オ**は○。
(3)次の図のように，プレートとプレートの境目と，日本列島の真下の浅いところ(活断層性の地震や火山性の地震の震源)に震源が集まっている。

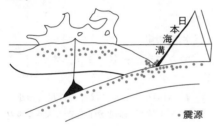

・震源

▶ *120*

(1) a…**主要動**　b…**初期微動継続時間**
(2) c…**11**　d…**10**　e…**19**
f…**11**　g…**23**
(3) **C**
(4)**マグニチュードは地震の規模を表し，震度は各地点のゆれの大きさを表す。**

解説　(1)P 波による小さなゆれを初期微動，S 波による大きなゆれを主要動という。また，P 波が届いてから S 波が届くまでの初期微動が続いている時間を初期微動継続時間という。
(2)三平方の定理を用いて，AD 間の距離を求めると

$$AD^2 = (70 + 90)^2 + 120^2 = 40000$$

AD は正の数なので，AD＝200〔km〕
(3：4：5の直角三角形の比を使ってもよい。)
同様にして，BD 間の距離を求めると，

$$BD^2 = 90^2 + 120^2$$
$$BD = 150 〔km〕$$

(3：4：5の直角三角形の比を使ってもよい。)

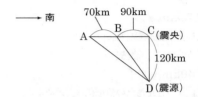

よって，A 点に P 波が届く時刻は，
　　午前 9 時 10 分 45 秒
　　　＋200〔km〕÷8.0〔km/s〕
　＝午前 9 時 11 分 10 秒
B 点に P 波が届く時刻は，
　　午前 9 時 10 分 45 秒
　　　＋150〔km〕÷8.0〔km/s〕
　＝午前 9 時 11 分 3.75 秒
B 点に S 波が届く時刻は，
　　午前 9 時 10 分 45 秒
　　　＋150〔km〕÷4.0〔km/s〕
　＝午前 9 時 11 分 22.5 秒
　＝約午前 9 時 11 分 23 秒
したがって，B 地点での初期微動継続時間は，
　　午前 9 時 11 分 22.5 秒
　　　－午前 9 時 11 分 3.75 秒
　＝18.75〔s〕＝約19〔s〕
(3)震源である D 点の真上の C 点が震央である。
(4)同じ地震であればマグニチュードの値は 1 つであるが，震度の値は各地点によって異なる。

▶ *121*

(1)Ⓐ
(2)①Ⓑ　②Ⓐ
(3)Ⓐ
(4)①Ⓒ　②Ⓑ
(5)**エ**　(6)**イ**

解説　(1)海洋プレートに引きずられて沈み込んだ大陸プレートが，反発してもとにもどろうとするときに大きな地震が起きやすい。

(2)①兵庫県南部地震は，活断層性の地震である。
②東海地震や南海地震は，(1)で解説したような
しくみで起こると予想されている地震である。
(3)(1)のようなしくみで起こる地震は海底で起こ
るため，海面に段差を生じさせ，津波を発生さ
せやすい。
(4)①初期微動継続時間が長いということから，
震源からの距離が大きいことがわかるので，本
州の地表から最も遠い©が震源であるといえる。
②マグニチュードが同じで震度が大きくなるの
は，震源から近いときなので，本州の地表から
最も近いⒷが震源であるといえる。
(5)エの右側が太平洋プレート，下側がフィリピ
ン海プレート，左上がユーラシアプレートと北
アメリカプレートである。ユーラシアプレート
と北アメリカプレートの境界はある程度推定さ
れているが，まだはっきりわかっておらず，海
溝のようなものも見られない。
(6)(5)のエの海溝および海溝類似地形を示した線
を，少し北西にずらしたところに図2の火山
が見られる。

▶ *122*

(1)主要動
(2)初期微動継続時間
(3)**5km/s**　(4)**ウ**　(5)**オ**

解説　(1)はじめに起こる小さなゆれを初期微
動といい，あとから起こる大きなゆれを主要動
という。
(2)初期微動が起こってから主要動が起こるまで
の時間を初期微動継続時間という。
(3)表のA地点とB地点の記録で求めると，A
地点とB地点の震源距離の差は75kmで，初
期微動(①)が起こった時刻の差は15秒なので，
初期微動を起こす波(P波)の速さは，

　　75〔km〕÷15〔s〕＝5〔km/s〕

(他の地点の記録で求めても同じ値になる。)
(4)A地点に初期微動を起こす波が届くまでの
時間を求めると，

　　45〔km〕÷5〔km/s〕＝9〔s〕

したがって，地震が発生した時刻は，

　　14時24分22秒－9秒＝14時24分13秒

(5)A地点の初期微動継続時間は6秒間である。
初期微動を起こす波(P波)と主要動を起こす波
(S波)の速さが一定であれば，初期微動継続時
間は震源からの距離に比例する。したがって，
震源から135km離れた地点の初期微動継続時
間をx秒とすると，

　　45〔km〕：135〔km〕＝6〔s〕：x〔s〕

　　$x＝18$〔s〕

(他の地点の記録で求めても同じ値になる。)

●初期微動継続時間は，震源からの距離に
比例する。

▶ *123*

(1)① **6km/s**　② **10秒**　③ **$D＝12t$**
(2)**イ**

解説　(1)①P波のほうがS波より速いので，
傾きの大きいほうがP波のグラフである。こ
れは，10秒で60km伝わっているので，

　　$\dfrac{60〔km〕}{10〔s〕}＝6$〔km/s〕

②地震が発生してからP波が届くのが20秒後，
S波が届くのが30秒後となっているので，初
期微動継続時間の長さは，

　　$30－20＝10$〔s〕

③P波やS波が届くまでの時間が震源からの
距離に比例しているので(原点を通る直線とな
っている)，初期微動継続時間も震源からの距
離に比例する。このとき，震源からの距離をD，
初期微動継続時間をt，比例定数をaとして，
式をたてると，$D＝at$となる。
これに，$D＝120$と②で求めた$t＝10$を代入す
ると，$120＝10a$より，　$a＝12$となる。
したがって，求める式は，$D＝12t$となる。
(2)震源が地表に近いほど，円の中心から等間隔
の同心円に近くなる。

▶**124**

(1)**10 時 30 分 10 秒**

(2)**右図**

(3)**イ**

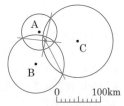

解説 (1)A 地点と C 地点の初期微動の観測データを比較すると，震源からの距離の差は 40km で，初期微動の開始時刻の差は 5 秒なので，初期微動を起こす P 波の速さは，

$$\frac{40(km)}{5(s)} = 8(km/s)$$

よって，地震が発生してから震源からの距離が 40km である A 地点に P 波が届くまでの時間は，

$$\frac{40(km)}{8(km/s)} = 5(s)$$

したがって，地震が発生した時刻は，

10 時 30 分 15 秒 − 5 秒 = 10 時 30 分 10 秒

(2)実際には，解答にある 3 本の補助線のうちの 2 本を引けばよい。2 つの円の交点を結ぶ共通弦をかき，ほかの組み合わせの 2 つの円の交点を結ぶ共通弦をかく。このときかいた弦どうしの交点が震央となる。

(3)A 地点から(2)でかいた震央までの距離を測ると，縮尺の目盛りと比較して約 24km であることがわかる。このとき，A 地点と震源と震央で右の図のような直角三角形が考えられる。よって，震源の深さを x(km) とすると，三平方の定理より，

$$40^2 = 24^2 + x^2$$
$$x = \sqrt{1024} = 32(km)$$

最も近いのはイの 32km である。ほかの地点からの計算でも求められる。

▶**125**

(1)**マグニチュード**

(2)**今回の地震は震源の深さが浅く，過去の地震は震源が深かったと考えられる。**

(3)**A**

(4)**初期微動**

(5)**ア**

(6)$p = \dfrac{d}{t_1}$，**P 波の速度**

(7)$\dfrac{d}{s} - \dfrac{d}{p}$ または $\dfrac{(p-s)d}{ps}$

解説 (1)地震の規模（エネルギーの大きさ）はマグニチュード（Magnitude）という値で表し，頭文字の M で示す。

(2)震央位置や M（マグニチュード）の値が同じでも，震源が深ければ震源から観測地（震央など）までの距離が大きくなるので，最大震度（震央付近の震度）は小さくなる。

(3)ふつう，震央に近い地点ほど震度が大きい。

(4)はじめに起こる小さなゆれを初期微動といい，あとから起こる大きなゆれを主要動という。

(5)D は，A～C よりも震央から遠い（震源からも遠いと考えられる）ので，最も初期微動が長く，最もゆれが小さい。

(6)Ⅰ の傾き p は，$\dfrac{震源からの距離}{時間}$ で表されるので，$p = \dfrac{d}{t_1}$ となる。

また，グラフ Ⅰ は，初期微動（a のゆれ）を起こす P 波によるものなので，p は P 波が単位時間あたりに伝わる時間となるため，P 波の速度を表していることになる。

(7)グラフ Ⅱ の傾きである s は，S 波の速度を表している。震源からの距離 d の地点まで，震源から P 波が届くまでの時間 $t_1 = \dfrac{d}{p}$，震源から S 波が届くまでの時間 $t_2 = \dfrac{d}{s}$ となるので，

初期微動継続時間 $t_2 - t_1 = \dfrac{d}{s} - \dfrac{d}{p}$

また，$t_2 - t_1 = \dfrac{(p-s)d}{ps}$ としてもよい。

▶ *126*

(1)エ　(2)初期微動継続時間

(3)$\dfrac{V_\text{P}V_\text{S}}{V_\text{P}-V_\text{S}}a$〔km〕

(4)5 時 32 分 40 秒　(5)5.3s

(6)5 時 32 分 58 秒　(7)ア，イ，エ

解説　(1)慣性の法則により，静止していたおもりは静止し続けようとするので不動点となる。よって，地震によって台だけが動くので，記録紙に地震波のようすが記録される。

(2)初期微動を起こす P 波が届いてから主要動を起こす S 波が届くまで，図 2 の a のように初期微動が続いている。この初期微動が続いている時間を，初期微動継続時間という。

(3)震源までの距離を x〔km〕とすると，P 波が届くまでの時間は $\dfrac{x}{V_\text{P}}$〔s〕，S 波が届くまでの時間は $\dfrac{x}{V_\text{S}}$〔s〕である。よって，初期微動継続時間 a〔s〕は，P 波が届くまでの時間と S 波が届くまでの時間の差なので，

$$a=\dfrac{x}{V_\text{S}}-\dfrac{x}{V_\text{P}}$$

これを変形すると，

$$x=\dfrac{V_\text{P}V_\text{S}}{V_\text{P}-V_\text{S}}a\text{〔km〕}$$

(4)a＝5 時間 33 分 4 秒－5 時間 32 分 52 秒＝12秒
地点 A から震源までの距離

$$x=\dfrac{6\times3}{6-3}\times12=72\text{〔km〕}$$

震源から地点 A まで P 波が伝わった時間は，

$$\dfrac{72}{6}=12\text{〔s〕}$$

したがって，地震が発生した時刻は，

5 時 32 分 52 秒－12 秒＝5 時 32 分 40 秒

(5)b は a より短いので，地点 B のほうが地点 A より震源に近い。また，地点 A と地点 B の震源距離の差は 40km なので，地点 B から震源までの距離は，72－40＝32〔km〕
地点 B の初期微動継続時間(b)

$$=\dfrac{32}{3}-\dfrac{32}{6}=\dfrac{32}{6}\text{〔s〕}=5.33\cdots=約5.3\text{〔s〕}$$

(別解)初期微動継続時間は震源距離に比例し，震源距離が 72km の地点 A での初期微動継続

時間が 12 秒なので，震源距離が 32km の地点 A での初期微動継続時間は，

$$12\times\dfrac{32}{72}=5.33\cdots=約5.3\text{〔s〕}$$

(6)S 波が震源から地点 C まで伝わる時間は，

5 時 33 分 16 秒－5 時 32 分 40 秒＝36 秒

よって，地点 C の震源距離は，

3×36＝108〔km〕

したがって，地点 C に P 波が到達する時刻は，

5 時 32 分 40 秒＋$\dfrac{108}{6}$ 秒＝5 時 32 分 58 秒

(最後の式の別解)初期微動継続時間は震源距離に比例し，震源距離が 72km の地点 A での初期微動継続時間は 12 秒なので，地点 C の初期微動継続時間は，

$$12\times\dfrac{108}{72}=18\text{〔s〕}$$

したがって，地点 C に P 波が到達する時刻は，

5 時 33 分 16 秒－18 秒＝5 時 32 分 58 秒

(7)ア：緊急地震速報は，大規模な地震による P 波を検知することによって，気象庁から発表される。イ：津波は地殻変動によって起こり，土砂崩れは大地のゆれによって起こる。エ：マグニチュードが大きくても震源が深ければ，震源が浅くてマグニチュードが小さい地震よりも，震央付近のゆれが小さくなることがある。

▶ *127*

(1)エ　(2)イ

(3)a：X…ウ　Y…エ　Z…ア
　　b：X…エ　Y…イ　Z…ウ

(4)ウ　(5)ア　(6)オ

(7)Ⅰ…大陸プレート内部　Ⅱ…浅

解説　(1)アは震度 1，イは震度 3，ウは震度 5 強，エは震度 4，オは震度 6 強以上のようすである。

(2)S 波が届いた瞬間に主要動とよばれる大きなゆれが起こり始める。

(3)下線部 a は P 波によって起こる初期微動というゆれで，P 波は進行方向と同じ方向に振動する縦波である。下線部 b は S 波によって起

こる主要動というゆれで，S波は進行方向に対
して垂直に振動する横波である。

(4)(5)同じ地震のP波とS波の速さはそれぞれ
一定なので，初期微動継続時間は，震源からの
距離におよそ比例する。

(7)直下型地震とは，主に活断層が再びずれるこ
とによって起こる地震(兵庫県南部地震など)で
ある。マグニチュードがそれほど大きくなくて
も震源が浅いため，震源の近くではゆれがとて
も大きくなることがある。

▶*128*

(1)ウ，カ　(2)①プレート　②ひずみ

解説　(1)土石流とは，大雨が降ったときなど
に水分を多く含む土砂が大量に流れ出すことで
ある。地震ではがけくずれは起こるが土石流は
起こらない。ただし，地震によってダムが決壊
したり，大規模ながけくずれが起こったりする
と，二次災害として土石流が起こることは考え
られる。また，津波は海底のプレート境界で一
方のプレートがはね上がったり沈み込んだりし
て起こるので，海溝付近で巨大地震が発生した
ときに起こり，内陸直下型地震では起こらない。

(2)一般に，大陸プレートより海洋プレートのほ
うが重いため，大陸プレートの下に海洋プレー
トが沈む込み，大陸プレートは海洋プレートに
よって引きずり込まれてひずみが生じる。これ
が限界に達して一部の岩石が破壊されると，プ
レートが跳ね上がったり，さらに沈み込んだり
して，大地震が起こるのである。

▶*129*

(1)S波　(2)①

(3)① 7.0km/s　② 4.0km/s

(4)5.4秒

(5)$\dfrac{3}{28}$　(6)$\dfrac{x}{v_1}$　(7)$\dfrac{\sqrt{2}h}{v_1}$　(8)$x-2h$

(9)$\dfrac{2\sqrt{2}h}{v_1}+\dfrac{x-2h}{v_2}$

(10)$\dfrac{2\sqrt{2}\,v_2-2v_1}{v_2-v_1}$

解説　(1)P波は進行方向と同じ方向に振動
する縦波で，S波は進行方向と垂直に振動する
横波である。

(2)P波の速さはS波の速さより速い。図1では，
横軸に震源からの距離，縦軸に地震発生からの
時間をとっているので，傾きが小さいほど速い
波である。

(3)① 70km 伝わるのに 10 秒かかっているので，

$\dfrac{70\,[\text{km}]}{10\,[\text{s}]}=7.0\,[\text{km/s}]$

② 40km 伝わるのに 10 秒かかっているので，

$\dfrac{40\,[\text{km}]}{10\,[\text{s}]}=4.0\,[\text{km/s}]$

(4)P波が 28km 伝わる時間は，

$\dfrac{28\,[\text{km}]}{7\,[\text{km/s}]}=4.0\,[\text{s}]$

S波が 28km 伝わる時間は，

$\dfrac{28\,[\text{km}]}{4\,[\text{km/s}]}=7.0\,[\text{s}]$

よって，震源からの距離が 28km の地点での
初期微動継続時間は，

$7.0-4.0=3.0\,[\text{s}]$

よって，震源からの距離が 50km の地点での
初期微動継続時間を $t\,[\text{s}]$ とすると，

$28:50=3.0:t \qquad t=5.35\cdots=約\,5.4\,[\text{s}]$

(5)$28:x=3.0:t \qquad t=\dfrac{3}{28}\times x$

(6)$x\,[\text{km}]$ を $v_1\,[\text{km/s}]$ の速さで進む時間は，

$\dfrac{x\,[\text{km}]}{v_1\,[\text{km/s}]}=\dfrac{x}{v_1}\,[\text{s}]$

(7)下の図のような直角二等辺三角形を考える。

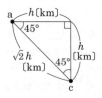

ac 間の距離は，$\sqrt{2}h\,[\text{km}]$ となるので，a で発
生した地震波がcに到達するのに要する時間は，

$\dfrac{\sqrt{2}h\,[\text{km}]}{v_1\,[\text{km/s}]}=\dfrac{\sqrt{2}h}{v_1}\,[\text{s}]$

(8)ab 間から $2h\,[\text{km}]$ を引いた距離なので，

$(x-2h)\,[\text{km}]$

(9) ac 間に要する時間と db 間に要する時間は等しいので, この合計は,

$$\frac{\sqrt{2}h}{v_1}〔s〕\times 2 = \frac{2\sqrt{2}h}{v_1}〔s〕$$

cd 間に要する時間は,

$$\frac{(x-2h)〔km〕}{v_2〔km/s〕} = \frac{x-2h}{v_2}〔s〕$$

したがって, 求める時間は,

$$\left(\frac{2\sqrt{2}h}{v_1} + \frac{x-2h}{v_2}\right)〔s〕$$

(10) ab 間の距離を x_0〔km〕として,

a → b の時間 = a → c → d → b の時間

という式を立てると,

$$\frac{x_0}{v_1} = \frac{2\sqrt{2}h}{v_1} + \frac{x_0-2h}{v_2}$$

これを変形すると,

$$x_0 = h \times \frac{2\sqrt{2}v_2 - 2v_1}{v_2 - v_1}〔km〕$$

3 地層と大地の変化

▶ **130**

(1) イ   (2) イ → オ → エ → ウ → ア   (3) **2 回**

(4) ① **ア**   ② **示準化石**   ③ **二酸化炭素**

(5) **エ**

解説 (1) 粒の大きさが 2mm 以上であればれき岩, 0.06 〜 2mm であれば砂岩, 0.06mm 以下であれば泥岩である。

(2) Y−Y′ 面は X−X′ 面でけずられているので, Y−Y′ 面ができたあとに X−X′ 面ができたことがわかる。

(3) X−X′ 面のような不整合面は地上で侵食されたあとなので, 過去に地上に出ていた時期があることを示す。

(4) 塩酸と反応するのは石灰岩で, 石灰岩に塩酸をかけると二酸化炭素が発生する。

(5) 堆積岩の粒が大きくなっているので, 海底が隆起するか海面が下降するかが原因で, 海底が浅くなっていった（河口に近づいていった）ことがわかる。

▶ **131**

(1) (地質) 柱状図

(2) **18.5m**

解説 (1) 各地点での地層の重なり方を柱状の図で表したものを (地質) 柱状図という。

(2) いちばん左の柱状図で, 地層 A の上端から厚さ 0.5m の火山灰の層の下端までの厚さは 7.5m。右から 2 番目の柱状図で, 厚さ 0.5m の火山灰の層の下端から厚さ 1m の火山灰の層の下端までの厚さは 6m。いちばん右の柱状図で, 厚さ 1m の火山灰の層の下端から地層 B の下端までの厚さは 5m。したがって, 地層 A の上端から地層 B の下端までの高さ (厚さ) は,

7.5 + 6 + 5 = 18.5〔m〕

▶ **132**

(1) ① 露頭（ろとう）   ② (地質) 柱状   ③ かぎ   ④ **B**

(2) ウ   (3) エ   (4) オ   (5) イ

(6) イ   (7) 地質 (時代)

(8) 示相 (化石)   (9) ① ア   ② イ

解説 (1) ③ ④ かぎ層となるのは火山灰の層 (凝灰岩の層) や, 特定の化石を含んだ層などである。

(3) 〜 (5) 図 2 は, 中生代を示す示準化石のアンモナイトである。よって, (4) ではエはのぞかれる。また, (4) のサンヨウチュウは古生代, 恐竜は中生代, マンモスとビカリアは新生代を示す示準化石である。また, シジミの化石は示準化石ではなく示相化石である。

トップコーチ

●かぎ層

地層中にはさまれている連続性のいちじるしく特徴ある単層のことをかぎ層という。かぎ層に注目すると, 離れた地層のつながり (地層の広がり) がわかりやすい。

① 凝灰岩層

② 同じ示準化石を含む層

▶*133*

(1)示準化石

(2)ア，エ

(3)エ

(4)ア，ウ

解説 (2)ビカリアとナウマンゾウは新生代，サンヨウチュウは古生代を示す。

(3)花こう岩などの火成岩はマグマが固まってできた岩石なので，化石を含むことはない。

(4)イ：フズリナは古生代，恐竜は中生代に栄えていた。エ：泥岩をつくる泥は粒が小さいので，流れのゆるやかなところでないと堆積しない。オ：れき岩などをつくる大きい粒は，ある程度流れのある浅い海底で堆積する。

▶*134*

(1)ケ　(2)オ

(3)示準化石，**c**

(4)イ　(5)イ，エ

解説 (1)A～Dの各地点における⑧の層上面の高度を求めると，A地点では80m，B地点でも80m，C地点でも80m，D地点でも80mになっている。A地点とB地点の比較により東西には傾いていないことがわかる。また，A地点，C地点，D地点の比較により，南北にも傾いていないことがわかる。したがって，Xより上の地層は水平であるといえる。

(2)(1)と同様にして，A～Dの各地点における⑩の層上面の高度を求めると，A地点では50m，B地点でも50m，C地点では40m，D地点では30mになっている。A地点とB地点の比較により東西には傾いていないことがわかる。また，A地点，C地点，D地点の比較により，南に向かって下がるように傾いていることがわかる。

(5)①の間にはさまれた凝灰岩は火山の噴火によるものなので考えなくてよい。凝灰岩をのぞけば，①は砂岩，②は泥岩となっている。地層の

上下の逆転はないということから下のほうが古い地層で，①の砂岩が堆積していた状況から②の泥岩が堆積する状況に変化したといえる。砂岩よりも泥岩のほうが河口から離れた沖の深いところで堆積するので，イのように気候が温暖化して海面が上昇したか，エのようにこの土地が沈降したと考えられる。

▶*135*

(1)西北西

(2)平行

解説 (1)プレートの境界に対してほぼ垂直な向きに動いている。

(2)日本海溝からほぼ一定の距離だけ離れた位置のプレートの上面の岩石の一部がとけて，これがマグマとなって上昇して火山をつくる。よって，日本海溝からほぼ一定の距離だけ離れた位置に火山ができるので，日本海溝に平行に，帯状の地域に火山が分布している。

▶*136*

(1)$\dfrac{1}{r}$

(2)右図

(3)**d**

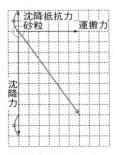

解説 (1)$\dfrac{沈降抵抗力}{沈降力} = \dfrac{r^2}{r^3} = \dfrac{1}{r}$

(2)まず，沈降力と沈降抵抗力の合力を求める。同一直線上の2力なので，力の大きさは2つの力の差（10-2=8）となり，力の向きは大きいほうの力（沈降力）と同じ向きになる（次図左）。さらに，この力と運搬力の合力を求めればよい。この場合は，それぞれの力が1辺となる平行四辺形を作図し（この場合は長方形となる），作

図した平行四辺形（長方形）の対角線が合力となる（次図右）。

 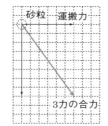

(3)図2の4倍に拡大した目盛りで示すと，運搬力は，$\left(\frac{1}{2}\right)^2=\frac{1}{4}$〔倍〕となるので，

$$6\times\frac{1}{4}\times4=6\,\text{〔目盛り〕}$$

沈降力は，$\left(\frac{1}{2}\right)^3=\frac{1}{8}$〔倍〕となるので，

$$10\times\frac{1}{8}\times4=5\,\text{〔目盛り〕}$$

沈降抵抗力は，$\left(\frac{1}{2}\right)^2=\frac{1}{4}$〔倍〕となるので，

$$2\times\frac{1}{4}\times4=2\,\text{〔目盛り〕}$$

したがって，沈降力と沈降抵抗力の合力を求めると，力の大きさは，5−2＝3〔目盛り〕で，力の向きは，大きいほうの力である沈降力と同じ向きになる（次の図左）。さらに，この力と運搬力の合力を求めると，次の図右のようになる。これは，図2のdと同じ力である。

 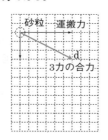

▶137
(1)イ　(2)エ　(3)ウ

解説　(1)②より，れき岩Gと花こう岩Hは連続性がないことがわかる。
(2)(3)次図のようになっている。

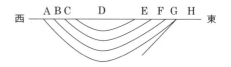

▶138
(1)ウ　(2)ア　(3)かぎ層
(4)大理石（結晶質石灰岩）
(5)ア→オ→エ→イ→ウ
(6)オ　(7)15m
(8)右図　(9)エ

解説　(4)石灰岩がマグマの熱を受けて変成した岩石を大理石または結晶質石灰岩という。
(5)(7)(8)下図参照。

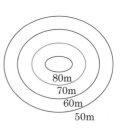

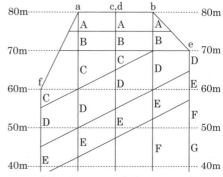

(6)(5)の選択肢ウより，岩石Gは深成岩であることがわかる。なおへんま岩は変成岩の一種。
(9)火山灰の粒子の形を見ても上下はわからず，新旧を知る手がかりにはならない。

▶139
(1)不整合面　(2)イ　(3)ア
(4)しゅう曲　(5)ア
(6)③→④→⑦→②→⑤→⑧→⑥→①
(7)2回　(8)ウ　(9)ア　(10)イ　(11)ア，エ
(12)17190年

解説 (2)(3)断層面の上側である右側の層が上にずり上がっている。

(6) E, F層を⑦がけずっているので, E, F層のしゅう曲が起こってから⑦の不整合面ができた。GがC, D層をつらぬいているので, C, D層が堆積してからGが貫入してきた。Gが②によってずれているので, Gが貫入したあとに②の断層ができた。②の断層を⊗がけずっているので, ②の断層ができたあとに⊗の不整合面ができた。

(7)不整合面が2つ見られる。現在を除くことに注意すること。

(8)花こう岩は, 大部分がセキエイ, チョウ石, クロウンモによってできているが, カクセン石を含むこともある。また, まれにキ石も含むことがあるが, カンラン石を含むことはない。

(9)二枚貝の貝がらは外側が上になる向きに沈む。

(10)アンモナイトは中生代の示準化石なので, D層に新生代の示準化石は見られない。

(12) $0.5^3 = 0.125$　　したがって,
　　$5730 \times 3 = 17190$〔年〕

4編 実力テスト

1

(1)①ウ　②ク　③カ

(2)①ウ　②エ　(3)①ア　②ウ　③カ

解説 (1)震度階級を大きいほうから並べると, 7・6強・6弱・5強・5弱・4・3・2・1・0の10階級ある。

(2)三葉虫は古生代, アンモナイトと恐竜は中生代, ビカリアは新生代の新第三紀, マンモスは新生代の第四紀の示準化石である。

(3)ねばりけの大きいマグマが冷えて固まると白っぽい火成岩となる。

2

(1)①A　②F　③B　④A　⑤C　⑥D

(2)斑晶　(3)a…D　b…B　c…C

(4) **b**

解説 (1)斑状組織になるのは, マグマが地表または地表近くで急に冷やされてできた火山岩, 等粒状組織になるのは, マグマが地下深くでゆっくり冷やされてできた深成岩である。また, 無色鉱物であるセキエイやチョウ石を多く含んだ岩石ほど白っぽく見える。

(2)火山岩は斑晶と石基からなる。

(3) a は白っぽい深成岩, b は灰色っぽい火山岩, c は黒っぽい火山岩である。

(4)安山岩は, 灰色っぽい火山岩である。

3

(1)**地点2**　(2)**ウ**　(3)**6.2km/s**

解説 (1)ゆれはじめるのが最も早い地点ほど震源に近い。

(2)下図参照。

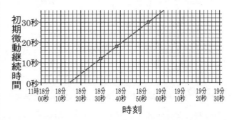

(3) 148〔km〕$\div (38-14)$〔s〕$=$約6.2〔km/s〕

4

(1)**イ**　(2)**化石…示準化石　時代…イ**

(3) **b → a → c**　(4)**西**

解説 (1)粒の大きさが2mm以上のものはれき岩, 2〜0.06mmのものを砂岩, 0.06mm以下のものを泥岩という。

(2)堆積した時代を知る手がかりとなる化石を示準化石という。

(3) c の下にある砂岩層は a, b の上にある砂岩層は a である。

(4) B の柱状図は, A の地下10mから下のものと同じなので, 南北の傾きはない。A地点では a 層の上面の標高は約63m, C地点では a 層の上面の標高は約50mである。